3

シリーズ・・・・
数学の世界

野口 廣 監修

社会科学の数学

—線形代数と微積分—

沢田 賢
渡邊展也
安原 晃 著

朝倉書店

まえがき

社会科学系の学部において数学の果たす役割はますます大きくなってゆくと思われるが，数学を学ぶ上でいろいろな問題があることも事実である．1つは多くの社会科学系学部の新入生が高校であまり数学を学習していないということであり，もう1つは学部のカリキュラムの都合上，数学を履修する時間が十分でないことである．限られた時間の中であまり数学に親しんでいない学生に，いかにして数学，特に基礎的数学を学習してもらうかを念頭においてこの教科書を書いた．

あまり数学に親しんでいない多くの学生にとって，数学が身近なものに感じられない原因の1つは，その文章の表現方法にあると思われる．使われている言葉はもちろん日本語であるが，その表現は客観性に重点をおくため，独特の言い回しをすることが多く，さらにその文章のなかに数や式また文字なども入ってくる．このことが数学を学習するときに一見面倒な印象を与える理由であろう．しかし，文字の使用の意味を学び，その使い方に慣れておけば，面倒な思いも解消すると思われる．この教科書では，最初にこのことに注目して文字の使用について紙面を割いた．

次にこの教科書で取り上げる内容であるが，やはり社会科学系の学部において必要な科目の線形代数と微分積分である．この教科書は，この2つを1年間の講義で学べるように作られた，たいへん欲張りなものである．項目としては，文字の使用・行列・連立1次方程式・集合・写像・関数・ベクトル空間・1変数関数の微分・多変数関数の微分・積分である．もちろん紙面の制限もあるので，いくつかの内容も犠牲にしている．例えば，行列式や2重積分などである．また多くの場合，厳密な証明を避けた．さらに，微積分のところでは，複雑な関数の紹介や煩雑な計算は行っていない．関数としては，すべて多項式を扱った．

これは，学生の数学の予備知識の不足を考慮したこともあるが，なによりも関数の複雑さが，微分などの概念を理解する上で妨げになることを避けるためである．いろいろな関数についての理解と実際の計算は，その後の課題として各自に残せばよいと考えた．本書が数学を学習する端緒となり，いろいろな数学を学習していく上で役立つことを願っている．

終わりに本書出版のため尽力された朝倉書店編集部の方々に心から感謝の意を表したい．

2002 年 2 月

著者しるす

目　　次

1

いくつかの注意

数学の本を読む上で是非覚えておかなければならないのは，文字の使用法である．どのように文字を用いるか，また文字にどんな役割を与えているかをこの章で述べておくことにしよう．

1.1 文字の使用

いくつかの数が並んでいる表を変形して新たな表を作成するという場合がある．そういうとき，その変形の仕方はどのように表したらよいだろうか．

いま 3 つの数の組が次のように与えられているとしよう．

$$(1,2,-1) \qquad (1,2,3) \qquad (-1,0,1) \qquad (4,8,2)$$

これらの組をある 1 つの規則を用いて，それぞれ次のように変形したとしよう．

$$(1,2,-1) \to (2,1,-1)$$
$$(1,2,3) \to (2,1,3)$$
$$(-1,0,1) \to (0,-1,1)$$
$$(4,8,2) \to (8,4,2)$$

この変形の規則を文章で表せば，

1 番左の数と 2 番目の数を入れ替える

となる．この例は扱う組の数も少なく，その変形の仕方も単純なので，このように文章で表しても誤解を生じたり正確さを損なうといったことはないだろう．しかし，扱う対象が多かったり変形の仕方が複雑な場合は，このような文章以外の表現方法も必要となる．その1つが文字や式を使って表現する方法である．

変形というのは1つの状態から新たな状態に移行するということなので，まず3つの数が並んでいる状態をどのように表すかを考えよう．この場合，具体的な数が3つ並んでいるということではなく「**3つの数が並んでいる**」という状態を表したい．そこで各数を代表する表現が必要になる．このようなとき，各数を代表するものとしてアルファベットの小文字がよく用いられる．

例えば，3つの数を代表して1番左にある数を a，2番目にある数を b，3番目にある数を c とする．そして，

$$(a, b, c)$$

という表現で3つの数が並んでいるという状態を表すことにする．

このとき，文字は数を代表する記号といってもすべての数を1つの文字 a で表し，

$$(a, a, a)$$

と表すことはしない．これでは同じ数が3つ並んでいるという状態と混同してしまうし，なによりもこの場合，異なる3つの文字を用いたのは，それぞれの文字にそれぞれの役割を与えたからである．つまり，

各文字には役割があって，文字の違いによってどこに置かれているのかを表している

ということなのである．もちろん

$$(a, b, c)$$

という表し方には，

$$(1, 1, 1) \quad \text{とか} \quad (0, 0, 0)$$

などの 3 つの同じ数が並んでいるという状況も含んでいる．もしすべて異なる 3 つの数が並んでいるということを強調したいときは

$$(a, b, c) \quad \text{ただし } a, b, c \text{ はすべて異なる数である}$$

というように，注意書きを入れる必要があるだろう．

さて，以上のような表現を用いて，先の例における変形の仕方

1 番目の数と 2 番目の数を入れ替える

を表せば

$$(a, b, c) \ \rightarrow \ (b, a, c)$$

となることは明らかであろう．

例題 1.1.1 変形の規則が次のように与えられているとき，4 つの各組はどのような組に変形されるか．

$$\begin{aligned} (a, b, c) &\rightarrow (a, a+b, c) \\ (1, 2, -1) &\rightarrow ? \\ (1, 2, 3) &\rightarrow ? \\ (-1, 0, 1) &\rightarrow ? \\ (4, 8, 2) &\rightarrow ? \end{aligned}$$

解答 この変形の規則は，1 番目の数と 3 番目の数はそのままにして，1 番目の数と 2 番目の数の和を 2 番目の場所に置くということなので，

$$\begin{aligned} (1, 2, -1) &\rightarrow (1, 1+2, -1) = (1, 3, -1) \\ (1, 2, 3) &\rightarrow (1, 1+2, 3) = (1, 3, 3) \\ (-1, 0, 1) &\rightarrow (-1, 0+(-1), 1) = (-1, -1, 1) \\ (4, 8, 2) &\rightarrow (4, 4+8, 2) = (4, 12, 2) \end{aligned}$$

1.2 文字の作成

次にもう少し文字の使い方について述べておこう．前節の例のように数を代表してアルファベットの小文字を用いていくとき，最大でも 26 種類の文字しか使えない．また，少ない数を並べるときでも，例えば 10 個の数が並んでいるという状況を表すとき，

$$a, b, c, d, e, f, g, h, i, j$$

となるが，これでは "6 番目に並んでいる数を表す文字は?" と聞かれると (f であるが…) すぐには答えにくい．これでは不便である．そこで，この解決法の 1 つとして，アルファベットの小文字と数字 (通常 $-1, 0, 1, 2, \cdots$ などの整数) を用いて新しい文字を作成する．例えば，

$$a^1, a_1, a^2, \cdots$$

のように新しい文字を作成すれば，先ほどのような 10 個の数が並んでいる状況は

$$a_1, a_2, a_3, a_4, a_5, a_6, a_7, a_8, a_9, a_{10}$$

と表せる．もちろん a 以外のアルファベットを用いて

$$c_1, c_2, c_3, c_4, c_5, c_6, c_7, c_8, c_9, c_{10}$$

としてもよい．この場合

各文字についた数字は，各数が置かれている場所を表している

ということはいうまでもない．

このように新しい文字を作るとき，文字に数字を順序だてて付ける必要はないが，新しく作った文字にどんな役割を与えたかがわかりやすいようにしたほ

うが良い．上の例では 8 番目に並べた数は，a_8 とすぐに答えられる．またこの列の並べ替えをした後，例えば

$$a_2, a_6, a_1, a_4, a_5, a_3, a_9, a_8, a_7, a_{10}$$

となったときでも，先頭の数 a_2 が最初何番目にあった数か，といったこともすぐにわかる利点がある．

1.3　さらなる抽象化

前節の例では 10 個の数を並べるという状況を考えたが，もっと多くの数が並んでいる，さらには並べる数の個数が具体的に示されない，という状況も表したい．この場合，並べる個数自体も文字で表されることとなる．多くの場合 k, l, m, n 等の文字を用いる (何を用いるかは，好みの問題)．このような文字の使い方により，n 個の数が並んでいる状況は

$$a_1, a_2, \cdots, a_n$$

と表される．このように，アルファベットの右下にある数字または文字を**添え字**という．

新しい文字の作成は，数を縦横に並べた状況を表すときにも用いられる．数を長方形の形に縦横きちんと並べた表について考えてみよう．例えば

$$\begin{array}{rrrr} 0 & 1 & -1 & 3 \\ 1 & 0 & 0 & 4 \\ -2 & 1 & -1 & 0 \end{array}$$

のように，数が縦と横に配列された状況を表すときにも文字と数字を用いることで，その表現が簡潔になる．では，実際にはどのように表現するか．前節では横一列に数が並べられているという状況を表すのに，文字の置かれる場所に左から順番に番号をつけて新しい文字を作成した．だから今度の場合も各数の置かれる場所に番号をつけていけばよい．しかしこの場合は数が平面的に配置されているので，各数が置かれている場所の番号というよりは，番地といった

ほうがいいだろう．そこで，その表の各行を上から順に第1行，第2行，第3行，$\cdots$ と名前を付けておき，またその表の各列を左から順に第1列，第2列，第3列，$\cdots$ と名前を付けておくと，各番地は，第何行目にあり，第何列目にあるかで確定する．

	第1列	第2列	第3列	$\cdots$
	↓	↓	↓	
第1行 →	$(1,1)$	$(1,2)$	$(1,3)$	$\cdots$
第2行 →	$(2,1)$	$(2,2)$	$(2,3)$	$\cdots$
第3行 →	$(3,1)$	$(3,2)$	$(3,3)$	$\cdots$
$\vdots$	$\vdots$	$\vdots$	$\vdots$	

上の表で番地 $(2,1)$ は，その場所が第2行，第1列にあるということを表す．このようにしておけば，番地 $(1,1)$ に配置されている数を代表する文字として

$$a_{1,1}$$

というように右下にその番地を付けたものを新しく作ればよい．したがって，数が3行，4列に配列された状態は

$$\begin{matrix} a_{1,1} & a_{1,2} & a_{1,3} & a_{1,4} \\ a_{2,1} & a_{2,2} & a_{2,3} & a_{2,4} \\ a_{3,1} & a_{3,2} & a_{3,3} & a_{3,4} \end{matrix}$$

と表される．この表をもっと一般的にした状態は，その行の個数を m，列の個数を n として

$$\begin{matrix} a_{1,1} & a_{1,2} & \cdots & a_{1,n} \\ a_{2,1} & a_{2,2} & \cdots & a_{2,n} \\ \vdots & \vdots & & \vdots \\ a_{m,1} & a_{m,2} & \cdots & a_{m,n} \end{matrix}$$

と表せばよいことは，すぐに想像できるだろう．

上の表で1行，1列にある文字 $a_{1,1}$ についている添え字を**2重添え字**という．

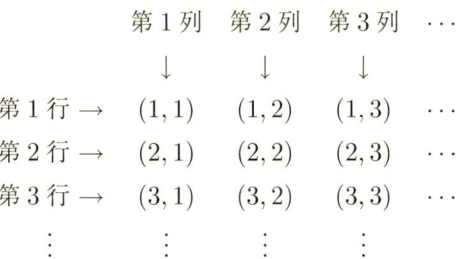

ここで，例えば $a_{1,1}$ は，誤解のないときには a_{11} のように，間のカンマ “,” を省いて表す．つまり

$$
\begin{matrix}
a_{11} & a_{12} & \cdots & a_{1n} \\
a_{21} & a_{22} & \cdots & a_{2n} \\
\vdots & \vdots & & \vdots \\
a_{m1} & a_{m2} & \cdots & a_{mn}
\end{matrix}
$$

と表すこととする．

練 習 問 題

1.1　4 つの数が並んでいる状態から，1 番左の数と 2 番目の数を加え，また 3 番目の数と 4 番目の数を加えた 2 つの数を並べるという変化を，文字を用いて表せ．

2
行　　　　列

この章では，表を抽象化した概念である行列について説明する．

2.1 行列の定義

前の章で扱った縦，横に配置された表を [ ] または ( ) でくくったものを，**行列**という．このとき行列において行の個数が m，列の個数が n のとき，m 行 n 列の行列または $m \times n$ 型行列という．[ ] と ( ) のどちらかを使うかは好みの問題である．本書では ( ) を用いることにする．第 1 章の方法を用いて，行列を表せば

$$\begin{pmatrix} a_{11} & a_{12} & \cdots & a_{1n} \\ a_{21} & a_{22} & \cdots & a_{2n} \\ \vdots & \vdots & & \vdots \\ a_{m1} & a_{m2} & \cdots & a_{mn} \end{pmatrix}, \quad \begin{pmatrix} b_{11} & b_{12} & \cdots & b_{1n} \\ b_{21} & b_{22} & \cdots & b_{2n} \\ \vdots & \vdots & & \vdots \\ b_{m1} & b_{m2} & \cdots & b_{mn} \end{pmatrix}$$

となる．いま左の行列の 1 行，1 列に配置された数は a_{11} であるが，a_{11} をこの行列の $(1,1)$ **成分**という．また，(i,j) **成分**はと聞かれれば，それは a_{ij} である．

いろいろな行列を扱うとき，行列に名前を付けておくことは便利である．行列の名前は $A, B, C, \cdots$ などのアルファベットの大文字を使うことにする．もちろん多くの行列を扱わなければならないときは，アルファベットの大文字に添え字を付けて $A_1, A_2, B_1, B_2, \cdots$ などと表す．また行列に A とか B いう名前を付けるとき

$$A = \begin{pmatrix} a_{11} & a_{12} & \cdots & a_{1n} \\ a_{21} & a_{22} & \cdots & a_{2n} \\ \vdots & \vdots & & \vdots \\ a_{m1} & a_{m2} & \cdots & a_{mn} \end{pmatrix}, \quad B = \begin{pmatrix} b_{11} & b_{12} & \cdots & b_{1n} \\ b_{21} & b_{22} & \cdots & b_{2n} \\ \vdots & \vdots & & \vdots \\ b_{m1} & b_{m2} & \cdots & b_{mn} \end{pmatrix}$$

と表す．つまり等号をこのような意味で用いることがある．また，上記の表現を簡単に

$$A = (a_{ij}), \quad A = (a_{ij})_{m \times n}$$

と表すこともある．もちろん 2 つの行列 A, B が等しいことを等号を用いて

$$A = B$$

という表現で表すが，これは，2 つの行列の型が等しく，各成分が等しい場合をいう．

2.2 いくつかの行列

例 2.2.1 (零行列) 各成分がすべて 0 の行列を零行列という．$m \times n$ 型の零行列を，$O_{m \times n}$ と表すが，特に断る必要がないときは単に O と表すことがある．

$$O_{2\times 3} = \begin{pmatrix} 0 & 0 & 0 \\ 0 & 0 & 0 \end{pmatrix}, \quad O_{3\times 3} = \begin{pmatrix} 0 & 0 & 0 \\ 0 & 0 & 0 \\ 0 & 0 & 0 \end{pmatrix}$$

例 2.2.2 (正方行列) 行の個数と列の個数が同じ行列，すなわち $n \times n$ 行列を n 次正方行列という．n 次正方行列

$$\begin{pmatrix} a_{11} & a_{12} & \cdots & a_{1n} \\ a_{21} & a_{22} & \cdots & a_{2n} \\ \vdots & \vdots & & \vdots \\ a_{n1} & a_{n2} & \cdots & a_{nn} \end{pmatrix}$$

に対して，$a_{11}, a_{22}, \cdots, a_{nn}$ をこの正方行列の対角成分という．

例 2.2.3 (単位行列) 正方行列で対角成分がすべて 1 で，他の成分がすべて 0 となるものを単位行列といい，$n \times n$ 型の単位行列を E_n と表す．

$$E_2 = \begin{pmatrix} 1 & 0 \\ 0 & 1 \end{pmatrix}, \quad E_3 = \begin{pmatrix} 1 & 0 & 0 \\ 0 & 1 & 0 \\ 0 & 0 & 1 \end{pmatrix}$$

2.3 クロネッカーのデルタ

ここで，単位行列などの規則的な成分をもつ行列を表現するときに用いられる記号を紹介しておこう．それは，クロネッカーのデルタと呼ばれる記号で，ギリシャ文字のデルタに 2 つの数 (主に整数) を 2 重添え字として付けて作られている．例えば

$$\delta_{1,2} \quad \text{とか} \quad \delta_{2,2}$$

というように表す．一般的には 2 つの数をアルファベット，例えば i, j を用いて

$$\delta_{i,j} \quad \text{または単に} \quad \delta_{ij}$$

と表す．この記号の意味は，

$$\begin{cases} \delta_{ij} = 1 & (i = j) \\ \delta_{ij} = 0 & (i \neq j) \end{cases}$$

である．したがって，$\delta_{11} = \delta_{22} = \cdots = \delta_{nn} = 1$ を意味し，$\delta_{12}, \delta_{21}, \cdots, \delta_{36}$ 等は 0 を意味する．この記号を用いれば，単位行列の (i, j) 成分は δ_{ij} ということになる．すなわち

$$E = (\delta_{ij})$$

例題 2.3.1 3×3 行列 $A = (a_{ij})$ の (i, j) 成分が

$$a_{ij} = \delta_{i+1,j}$$

で表されるとき行列 A を具体的に表せ.

解答 この式ではクロネッカーのデルタが

$$\delta_{i+1,j}$$

と表されているので戸惑いを感じるかもしれない. しかしこれは, 文字 i,j がどんな役割が与えられているかを考えばよい. この場合の i,j の役割は, 行・列の番地を表すことであり, クロネッカーのデルタの 2 重添え字の役割ではない. クロネッカーのデルタは, 2 つの数 (この場合 $i+1$ と j) が等しいか否かでその値が決まるので, $\delta_{i+1,j}$ は, $i+1=j$ のとき 1, $i+1\neq j$ のとき 0 である. 具体的にいえば

$$i=1,\ j=1 \text{ のとき}, \ a_{11}=\delta_{1+1,1}=\delta_{2,1}=0$$

となる. 同様にして

$$a_{12}=\delta_{1+1,2}=\delta_{2,2}=1$$

となる. これをすべての成分について行うと行列 A は

$$A=\begin{pmatrix} 0 & 1 & 0 \\ 0 & 0 & 1 \\ 0 & 0 & 0 \end{pmatrix}$$

となる.

2.4 行 列 の 演 算

実数の場合と同様に, 行列どうしの演算を考えることができる. ここで演算というのは, 2 つの行列または行列と実数から新しい行列を作る操作を意味する. このような操作はいろいろあるが, 次の演算がよく用いられる.

定義 2.4.1 (行列の和) 同じ型の 2 つの行列の各成分どうしを加えてできる行列をその 2 つの行列の和という. つまり, ともに $m\times n$ 型である 2 つの行列

$$A = \begin{pmatrix} a_{11} & a_{12} & \cdots & a_{1n} \\ a_{21} & a_{22} & \cdots & a_{2n} \\ \vdots & \vdots & & \vdots \\ a_{m1} & a_{m2} & \cdots & a_{mn} \end{pmatrix}, \quad B = \begin{pmatrix} b_{11} & b_{12} & \cdots & b_{1n} \\ b_{21} & b_{22} & \cdots & b_{2n} \\ \vdots & \vdots & & \vdots \\ b_{m1} & a_{m2} & \cdots & b_{mn} \end{pmatrix}$$

に対し A と B の和を，

$$\begin{pmatrix} a_{11}+b_{11} & a_{12}+b_{12} & \cdots & a_{1n}+b_{1n} \\ a_{21}+b_{21} & a_{22}+b_{22} & \cdots & a_{2n}+b_{2n} \\ \vdots & \vdots & & \vdots \\ a_{m1}+b_{m1} & a_{m2}+b_{m2} & \cdots & a_{mn}+b_{mn} \end{pmatrix}$$

と定義し，$A+B$ と表す．

例 2.4.2

$$\begin{pmatrix} 2 & 0 & 1 \\ 1 & 2 & 3 \end{pmatrix} + \begin{pmatrix} 0 & 0 & 1 \\ -1 & -2 & 3 \end{pmatrix} = \begin{pmatrix} 2 & 0 & 2 \\ 0 & 0 & 6 \end{pmatrix}$$

定義 2.4.3 (行列の実数倍)　実数 λ と行列

$$A = \begin{pmatrix} a_{11} & a_{12} & \cdots & a_{1n} \\ a_{21} & a_{22} & \cdots & a_{2n} \\ \vdots & \vdots & & \vdots \\ a_{m1} & a_{m2} & \cdots & a_{mn} \end{pmatrix}$$

に対し，A の λ 倍を，

$$\lambda A = \begin{pmatrix} \lambda a_{11} & \lambda a_{12} & \cdots & \lambda a_{1n} \\ \lambda a_{21} & \lambda a_{22} & \cdots & \lambda a_{2n} \\ \vdots & \vdots & & \vdots \\ \lambda a_{m1} & \lambda a_{m2} & \cdots & \lambda a_{mn} \end{pmatrix}$$

と定義し，λA と表す．

例 2.4.4

$$(-2)\begin{pmatrix} 2 & 0 \\ 1 & 0 \end{pmatrix} = \begin{pmatrix} -4 & 0 \\ -2 & 0 \end{pmatrix}$$

定義 2.4.5 (行列の積)　これまでの演算は，その結果できる行列がもとの行列と同じ型になっていた．しかし積の場合は大きく異なる．もともと行列の演算というのは関数・写像の演算に関係しており，特に積は合成関数・合成写像という概念に対応している．このことは後の章で述べるが，いまは定義だけ述べておくことにしよう．2 つの行列 A, B に対しその積 AB を定義するのは，

行列 A の列の個数 $=$ 行列 B の行の個数

となる場合で，すなわち行列 A が

$$A = \begin{pmatrix} a_{11} & a_{12} & \cdots & a_{1l} \\ a_{21} & a_{22} & \cdots & a_{2l} \\ \vdots & \vdots & & \vdots \\ a_{m1} & a_{m2} & \cdots & a_{ml} \end{pmatrix}$$

という $m \times l$ 型のとき，行列 B は

$$B = \begin{pmatrix} b_{11} & b_{12} & \cdots & b_{1n} \\ b_{21} & b_{22} & \cdots & b_{2n} \\ \vdots & \vdots & & \vdots \\ b_{l1} & b_{l2} & \cdots & b_{ln} \end{pmatrix}$$

$l \times n$ 型のときに限る．このとき積 AB は $m \times n$ 型の行列でその (i, j) 成分は

$$a_{i1}b_{1j} + a_{i2}b_{2j} + \cdots + a_{il}b_{lj}$$

で定義される．この式は一見複雑に見えるが，これは行列 A の i 行

$$(a_{i1} \quad a_{i2} \quad \cdots \quad a_{in})$$

の 1 列成分 a_{i1}，2 列成分 $a_{i2}, \cdots, l$ 列成分 a_{il} と，行列 B の j 列

$$\begin{pmatrix} b_{1j} \\ b_{2j} \\ \vdots \\ b_{lj} \end{pmatrix}$$

の 1 行成分 b_{1j}，2 行成分 $b_{2j}, \cdots, l$ 行成分 b_{lj} をそれぞれ掛けたものをすべて加えた形である．

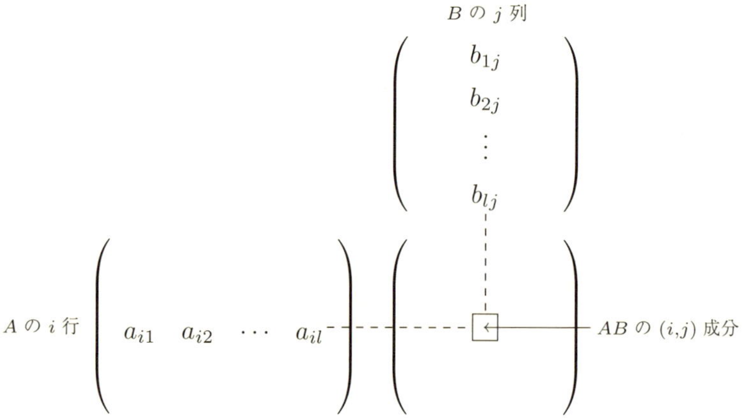

例題 2.4.6

$$A = \begin{pmatrix} 1 & 0 & -1 \\ 1 & 2 & 3 \end{pmatrix}, \quad B = \begin{pmatrix} 0 & 0 & -1 \\ -1 & 3 & 0 \\ 3 & 4 & -2 \end{pmatrix}$$

のとき，積 AB を計算せよ．

解答　この積の $(1,1)$ 成分は A の 1 行と B の 1 列

$$(1 \quad 0 \quad -1), \quad \begin{pmatrix} 0 \\ -1 \\ 3 \end{pmatrix}$$

で計算され，それは

$$1 \times 0 + 0 \times (-1) + (-1) \times 3 = -3$$

である．同様にして各成分を求めると，

$$AB = \begin{pmatrix} -3 & -4 & 1 \\ 7 & 18 & -7 \end{pmatrix}$$

となる．

注意　これらの演算は，実数の演算と同様に次の性質をもつ．

(1) $A + B = B + A, \quad A + O = O + A = A$

(2) $A + (B + C) = (A + B) + C$

(3) $AE = EA = A, \quad AO = OA = O$

(4) $(AB)C = A(BC)$

(5) $A(B + C) = AB + AC, \quad (A + B)C = AC + BC$

(6) $0A = O, \quad 1A = A, \quad (ab)A = a(bA), \quad (aA)B = A(aB) = a(AB)$

(7) $a(A + B) = aA + aB, \quad (a + b)A = aA + bA$

上記の性質 (2) (和の結合律)，(4) (積の結合律) により，3 つの行列の和や積は，カッコの付き方によらずその結果は同じである．そこで，カッコを省いてそれぞれ

$$A + B + C, \quad ABC$$

と表すことができる．これを一般化して，

$$A_1 + A_2 + \cdots + A_n, \quad A_1 A_2 \cdots A_n$$

と表す．特に A が正方行列のとき

$$\underbrace{AA \cdots A}_{n\ 個} \quad を \quad A^n$$

と表すこととする．

しかし，異なる性質もいくつかある．大きく異なるのは積に関することである．行列の積はそれぞれの行列の型に制限があるだけでなく，次のような特徴をもつ．

積 AB が定義されても積 BA が定義されるとは限らない．また定義されたとしても必ずしも $AB = BA$ とならない．$AB = BA$ となる場合は特に **"可換"** であるという．また積 AB が零行列のときでも，$A \neq O, B \neq O$ という場合がある．

例 2.4.7

(1) $A = \begin{pmatrix} 1 & 0 & -1 \\ 1 & 2 & 3 \end{pmatrix}, \quad B = \begin{pmatrix} 0 & 0 \\ -1 & 3 \\ 3 & 4 \end{pmatrix}$

のとき，

$$AB = \begin{pmatrix} -3 & -4 \\ 7 & 18 \end{pmatrix}, \quad BA = \begin{pmatrix} 0 & 0 & 0 \\ 2 & 6 & 10 \\ 7 & 8 & 9 \end{pmatrix}$$

(2) $\begin{pmatrix} 0 & 0 \\ 0 & 1 \end{pmatrix} \begin{pmatrix} 1 & 0 \\ 0 & 0 \end{pmatrix} = \begin{pmatrix} 0 & 0 \\ 0 & 0 \end{pmatrix}$

2.5 ベ　ク　ト　ル

定義 2.5.1 (行ベクトル，列ベクトル)　1 行のみからなる行列，また 1 列のみからなる行列すなわち，$1 \times n$ 行列

$$\boldsymbol{a} = (a_1 \quad a_2 \quad \cdots \quad a_n)$$

と $m \times 1$ 行列

$$\boldsymbol{b} = \begin{pmatrix} b_1 \\ b_2 \\ \vdots \\ b_m \end{pmatrix}$$

をそれぞれ，**行ベクトル**，**列ベクトル**と呼ぶ．特にその大きさを表現したいときは，n 次行ベクトル，m 次列ベクトルという．これらのベクトルを表すときは，アルファベットの小文字の太字

$$\boldsymbol{a},\ \boldsymbol{b},\ \boldsymbol{x},\ \boldsymbol{y},\ \boldsymbol{a}_1,\ \boldsymbol{a}_2, \cdots$$

を用いる．すべての成分が 0 であるベクトルを零ベクトルと呼び $\mathbf{0}$ で表すことにする．

行列の行ベクトル・列ベクトルへの分割

行列を扱うとき，その行列の行に注目したり列に注目したりすることがある．このようなとき，行ベクトルまたは列ベクトルを用いて行列を表現することがある．

例えば，行列 A が

$$A = \begin{pmatrix} 1 & 0 & -2 \\ 3 & 1 & 2 \\ 1 & 1 & 2 \end{pmatrix}$$

のとき

$$\boldsymbol{a}_1 = \begin{pmatrix} 1 \\ 3 \\ 1 \end{pmatrix}, \quad \boldsymbol{a}_2 = \begin{pmatrix} 0 \\ 1 \\ 1 \end{pmatrix}, \quad \boldsymbol{a}_3 = \begin{pmatrix} -2 \\ 2 \\ 2 \end{pmatrix}$$

$$\boldsymbol{b}_1 = (1 \quad 0 \quad -2), \quad \boldsymbol{b}_2 = (3 \quad 1 \quad 2), \quad \boldsymbol{b}_3 = (1 \quad 1 \quad 2)$$

とするとき，

$$A = (\boldsymbol{a}_1 \quad \boldsymbol{a}_2 \quad \boldsymbol{a}_3) = \begin{pmatrix} \boldsymbol{b}_1 \\ \boldsymbol{b}_2 \\ \boldsymbol{b}_3 \end{pmatrix}$$

と表される．

この章の最後に，いくつかの数の和を表す記号 Σ (シグマ) を紹介しておこう．例えば 1 から 100 までの数をすべて 2 乗して加えること，つまり

$$1^2 + 2^2 + 3^2 + \cdots + 100^2$$

を次のように表す．

$$\sum_{i=1}^{100} i^2$$

この式の中で $\displaystyle\sum_{i=1}^{100}$ の記号は，文字 i を 1 から 100 まで変化させ，さらに i の値に応じて右にある式 i^2 を計算してすべてを加えるということを意味している．もちろんここで使われる文字は i である必要はなく，

$$\sum_{k=1}^{100} k^2$$

と書いても同じことを意味する．またこの表現は，具体的な値の和だけでなく，文字などが入った式にも使われる．例えば

$$\sum_{i=1}^{n} a_i$$

とすれば，これは

$$a_1 + a_2 + \cdots + a_n$$

ということを表している．この表現方法を用いると，定義 2.4.5 の行列の積 AB の (i, j) 成分

$$a_{i1}b_{1j} + a_{i2}b_{2j} + \cdots + a_{il}b_{lj}$$

は，次のように表せる．

$$\sum_{k=1}^{l} a_{ik}b_{kj}$$

練 習 問 題

2.1 次の行列の計算をせよ.

(1) $\begin{pmatrix} 1 \\ 2 \\ -1 \end{pmatrix} (2 \quad 0 \quad 3)$, (2) $(2 \quad 0 \quad 3) \begin{pmatrix} 1 \\ 2 \\ -1 \end{pmatrix}$

(3) $\begin{pmatrix} 1 & 0 & 7 & 2 \\ 2 & -2 & 4 & 5 \\ -1 & -2 & 0 & 3 \end{pmatrix} \begin{pmatrix} 2 & 0 \\ 1 & -2 \\ 3 & 5 \\ 9 & 1 \end{pmatrix}$

(4) $\begin{pmatrix} 1 & 0 & 7 \\ -2 & 4 & 5 \end{pmatrix} \left\{ \begin{pmatrix} 1 & 0 & 2 \\ 2 & -4 & 5 \\ 2 & 5 & 3 \end{pmatrix} - 3 \begin{pmatrix} 2 & 2 & 3 \\ -2 & 3 & 1 \\ 6 & 3 & 9 \end{pmatrix} \right\}$

2.2 3×3 行列 $A = (a_{ij})$ の (i, j) 成分が

$$a_{ij} = \delta_{i+1,j} - \delta_{i,j+1}$$

で与えられるとき，A を具体的に表せ.

2.3 次の行列 A に対し，A^2，A^3，A^n を計算せよ.

(1) $\begin{pmatrix} 0 & 1 & 3 \\ 0 & 0 & 1 \\ 0 & 0 & 0 \end{pmatrix}$, (2) $\begin{pmatrix} 0 & 1 & 0 \\ 0 & 0 & 1 \\ 1 & 0 & 0 \end{pmatrix}$

2.4 行列 A が n 個の m 次列ベクトルにより，

$$A = (\boldsymbol{a}_1 \quad \boldsymbol{a}_2 \quad \cdots \quad \boldsymbol{a}_n)$$

と表されているとき

$$A \begin{pmatrix} x_1 \\ x_2 \\ \vdots \\ x_n \end{pmatrix} = x_1 \boldsymbol{a}_1 + x_2 \boldsymbol{a}_2 + \cdots + x_n \boldsymbol{a}_n$$

となることを示せ.

3

連立 1 次方程式

多くの分野において，いろいろな問題が方程式として与えられるが，連立 1 次方程式の理論はその基礎となるものである．

3.1　連立 1 次方程式とは

中学・高校で連立 1 次方程式を習うが，それは次のような式である．

$$\begin{cases} 2x - y = 1 \\ x + y = 2 \end{cases}$$

これを解けとか，解を求めよと言われるわけだが，この方程式を解くとか解を求めるとかいうのは，どのようなことを意味するのであろうか[*1)]．

この方程式の解とは，上記の 2 つの式を同時に満たす，x と y の値の組のことをいう．この場合 $x = 1$, $y = 1$ という 2 つの数の組を式に代入したとき各式の等式が成立するので，$x = 1$, $y = 1$ は解となる．では，次のような連立 1 次方程式[*2)]

$$\begin{cases} x - y = 2 \end{cases}$$

では，その解はどうだろう．この場合，$x = 1$, $y = -1$ という組とか $x = 2$, $y = 0$ という組とかは，式を成立させるのでこの 2 つともこの連立 1 次方程式の解となる．実はこの方程式には無限個の解が存在する．このように無限個の

---

*1)　中学・高校でやった方程式の解法は知らなくてもよいし，むしろ忘れたほうがいい．

*2)　式が 1 つしかないが，これも連立 1 次方程式と考える．

解が存在するとき，それらの解をどのように表すか？　ということも解を解くということの，大きな課題となる．さらに，次の連立1次方程式のように解が存在しない場合もある．

$$\begin{cases} 2x - y = 1 \\ 2x - y = 0 \end{cases}$$

このように連立1次方程式に解が存在しないということを示すのも，解くことになる．以上のように，方程式を解くというのは，

(1) 解が存在するかどうか

(2) 解 (特に無限個の解) が存在するとき，その解をどのように表現するか，

ということを記述することである．

ここで一般の連立1次方程式を表しておこう．この場合，未知数の個数を表す文字として n，式の個数を表す文字として m を用い

$$\begin{cases} a_{11}x_1 + a_{12}x_2 + \cdots + a_{1n}x_n = b_1 \\ a_{21}x_1 + a_{22}x_2 + \cdots + a_{2n}x_n = b_2 \\ \qquad\qquad\vdots \\ a_{m1}x_1 + a_{m2}x_2 + \cdots + a_{mn}x_n = b_m \end{cases}$$

となる．この連立1次方程式を別の表し方で表すこともできる．まず行列とベクトルを用いて，

$$\begin{pmatrix} a_{11} & a_{12} & \cdots & a_{1n} \\ a_{21} & a_{22} & \cdots & a_{2n} \\ \vdots & \vdots & & \vdots \\ a_{m1} & a_{m2} & \cdots & a_{mn} \end{pmatrix} \begin{pmatrix} x_1 \\ x_2 \\ \vdots \\ x_n \end{pmatrix} = \begin{pmatrix} b_1 \\ b_2 \\ \vdots \\ b_n \end{pmatrix}$$

また，ベクトルのみを用いて

$$x_1 \begin{pmatrix} a_{11} \\ a_{21} \\ \vdots \\ a_{m1} \end{pmatrix} + x_2 \begin{pmatrix} a_{12} \\ a_{22} \\ \vdots \\ a_{m2} \end{pmatrix} + \cdots + x_n \begin{pmatrix} a_{1n} \\ a_{2n} \\ \vdots \\ a_{mn} \end{pmatrix} = \begin{pmatrix} b_1 \\ b_2 \\ \vdots \\ b_m \end{pmatrix}$$

などと表すことができる．このとき行列およびベクトル

$$\begin{pmatrix} a_{11} & a_{12} & \cdots & a_{1n} \\ a_{21} & a_{22} & \cdots & a_{2n} \\ \vdots & \vdots & & \vdots \\ a_{m1} & a_{m2} & \cdots & a_{mn} \end{pmatrix}, \quad \begin{pmatrix} b_1 \\ b_2 \\ \vdots \\ b_m \end{pmatrix}$$

をこの連立１次方程式の**係数行列**および**定数項ベクトル**という．この係数行列の右側に定数項ベクトルを並べた行列

$$\left(\begin{array}{cccc|c} a_{11} & a_{12} & \cdots & a_{1n} & b_1 \\ a_{21} & a_{22} & \cdots & a_{2n} & b_2 \\ \vdots & \vdots & & \vdots & \vdots \\ a_{m1} & a_{m2} & \cdots & a_{mn} & b_m \end{array}\right)$$

を連立１次方程式の**拡大係数行列**という．

連立１次方程式を一般的に扱うとき，いつもこのような表現をしているのではたいへんなので，各行列，ベクトルに名前を付けて (文字で表す) 簡単に表すこともある．例えば，上の表現において

$$A = \begin{pmatrix} a_{11} & a_{12} & \cdots & a_{1n} \\ a_{21} & a_{22} & \cdots & a_{2n} \\ \vdots & \vdots & & \vdots \\ a_{m1} & a_{m2} & \cdots & a_{mn} \end{pmatrix}, \quad \boldsymbol{b} = \begin{pmatrix} b_1 \\ b_2 \\ \vdots \\ b_n \end{pmatrix}, \quad \boldsymbol{x} = \begin{pmatrix} x_1 \\ x_2 \\ \vdots \\ x_n \end{pmatrix}$$

そして，

$$\boldsymbol{a}_1 = \begin{pmatrix} a_{11} \\ a_{21} \\ \vdots \\ a_{m1} \end{pmatrix}, \boldsymbol{a}_2 = \begin{pmatrix} a_{12} \\ a_{22} \\ \vdots \\ a_{m2} \end{pmatrix}, \cdots, \boldsymbol{a}_n = \begin{pmatrix} a_{1n} \\ a_{2n} \\ \vdots \\ a_{mn} \end{pmatrix}$$

とすると，連立１次方程式は

$$A\boldsymbol{x} = \boldsymbol{b}$$

$$x_1\boldsymbol{a}_1 + x_2\boldsymbol{a}_2 + \cdots + x_n\boldsymbol{a}_n = \boldsymbol{b}$$

などと表される．

例題 3.1.1 次の連立 1 次方程式の係数行列・拡大係数行列を求めよ．また この連立 1 次方程式をいろいろな表現で表せ．

$$\begin{cases} 2x_1 + 3x_2 - 3x_3 = 1 \\ \ \ x_1 - 2x_2 + 4x_3 = 4 \end{cases}$$

解答 係数行列は

$$\begin{pmatrix} 2 & 3 & -3 \\ 1 & -2 & 4 \end{pmatrix}$$

拡大係数行列は

$$\left(\begin{array}{ccc|c} 2 & 3 & -3 & 1 \\ 1 & -2 & 4 & 4 \end{array}\right)$$

(1) $$\begin{pmatrix} 2 & 3 & -3 \\ 1 & -2 & 4 \end{pmatrix}\begin{pmatrix} x_1 \\ x_2 \\ x_3 \end{pmatrix} = \begin{pmatrix} 1 \\ 4 \end{pmatrix}$$

(2) $$x_1\begin{pmatrix} 2 \\ 1 \end{pmatrix} + x_2\begin{pmatrix} 3 \\ -2 \end{pmatrix} + x_3\begin{pmatrix} -3 \\ 4 \end{pmatrix} = \begin{pmatrix} 1 \\ 4 \end{pmatrix}$$

3.2 連立 1 次方程式の解法

この節では解がただ 1 つである連立 1 次方程式について，まずその解法の方法を解説する．

次の 5 つの方程式を見てほしい．

(1) $\begin{cases} 3x + y = -2 \\ x + 2y = 1 \end{cases}$

(2) $\begin{cases} - 5y = -5 \\ x + 2y = 1 \end{cases}$

(3) $\begin{cases} y = 1 \\ x + 2y = 1 \end{cases}$

(4) $\begin{cases} x + 2y = 1 \\ y = 1 \end{cases}$

(5) $\begin{cases} x = -1 \\ y = 1 \end{cases}$

これらの連立 1 次方程式からすぐわかることは，(1) から (5) という順に解が得やすい形をしているということである．実は，これらの連立 1 次方程式は (1) から順にある方法で連立 1 次方程式を変形して得られたものである．それは，**式の基本変形**と呼ばれる次の 3 つの変形である．

式の基本変形

(I) 1 つの式を何倍かする (ただし 0 倍はしない)

(II) 2 つの式を入れ替える

(III) 1 つの式に，他の式を何倍かしたものを加える

上の例でいえば，(1) → (2) は第 2 式を -3 倍したものを第 1 式に加えている．つまり基本変形の (III) を用いている．(4) → (5) という変形でも基本変形の (III) を用いている．また (2) → (3) においては，第 1 式に $-1/5$ を掛ける，すなわち基本変形の (I) を用いている．最後に (3) → (4) であるが，2 つの式を入れ替えているので基本変形の (II) を用いて変形している．

これらの変形は付録のところで示すように

方程式の形は変えるけれどその方程式の解は変えない

という性質をもっている．したがってこれら 5 つの方程式はすべて同じ解をも

つ．この方程式の変形という操作は解を求めるための1つの方向を示している．つまりこれら3つの式の基本変形を用い，解を求めやすい方程式に変形して解を求めるということである．

この変形は各未知数に対する係数と定数項のみしか変化しないので，この変化を拡大係数行列で表せば，

$$(1)\quad \left(\begin{array}{cc|c} 3 & 1 & -2 \\ 1 & 2 & 1 \end{array}\right)$$

$$(2)\quad \left(\begin{array}{cc|c} 0 & -5 & -5 \\ 1 & 2 & 1 \end{array}\right)$$

$$(3)\quad \left(\begin{array}{cc|c} 0 & 1 & 1 \\ 1 & 2 & 1 \end{array}\right)$$

$$(4)\quad \left(\begin{array}{cc|c} 1 & 2 & 1 \\ 0 & 1 & 1 \end{array}\right)$$

$$(5)\quad \left(\begin{array}{cc|c} 1 & 0 & -1 \\ 0 & 1 & 1 \end{array}\right)$$

このように連立1次方程式の解は，拡大係数行列に次の**行に関する行列の基本変形**を行い，簡単な拡大係数行列を求めることにより得られる．明らかに，行に関する行列の基本変形は式に関する基本変形に対応している．この場合，拡大係数行列のなかの係数行列にあたる部分が**単位行列**に変形している．

行に関する行列の基本変形

(I)　1つの行を何倍かする (ただし0倍はしない)

(II)　2つの行を入れ替える

(III) 1つの行に，他の行を何倍かしたものを加える

このように，3つの基本変形を用いて連立1次方程式の解を求める方法を**掃き出し法**という．

例題 3.2.1　次の連立1次方程式を掃き出し法で解け．

$$\begin{cases} x_1 + x_2 + x_3 = 6 \\ 2x_1 - x_2 + x_3 = 3 \\ 3x_1 + 2x_2 - x_3 = 4 \end{cases}$$

解答 拡大係数行列を変形して，

$$(1) \quad \left(\begin{array}{ccc|c} 1 & 1 & 1 & 6 \\ 2 & -1 & 1 & 3 \\ 3 & 2 & -1 & 4 \end{array}\right)$$

2行に1行を (-2) 倍したものを加え，3行に1行を (-3) 倍したものを加える．

$$(2) \quad \left(\begin{array}{ccc|c} 1 & 1 & 1 & 6 \\ 0 & -3 & -1 & -9 \\ 0 & -1 & -4 & -14 \end{array}\right)$$

2行に $(-1/3)$ を掛ける．

$$(3) \quad \left(\begin{array}{ccc|c} 1 & 1 & 1 & 6 \\ 0 & 1 & 1/3 & 3 \\ 0 & -1 & -4 & -14 \end{array}\right)$$

1行に2行を (-1) 倍したものを加え，3行に2行を加える．

$$(4) \quad \left(\begin{array}{ccc|c} 1 & 0 & 2/3 & 3 \\ 0 & 1 & 1/3 & 3 \\ 0 & 0 & -11/3 & -11 \end{array}\right)$$

3行に $(-3/11)$ を掛ける．

$$(5) \quad \left(\begin{array}{ccc|c} 1 & 0 & 2/3 & 3 \\ 0 & 1 & 1/3 & 3 \\ 0 & 0 & 1 & 3 \end{array}\right)$$

1 行に 3 行を $(-2/3)$ 倍したものを加え，2 行に 3 行を $(-1/3)$ を掛けたものを加える．

$$
(6) \quad \left(\begin{array}{ccc|c} 1 & 0 & 0 & 1 \\ 0 & 1 & 0 & 2 \\ 0 & 0 & 1 & 3 \end{array}\right)
$$

となるので，(6) の拡大係数行列が表す連立 1 次方程式は

$$
\begin{cases} x_1 \qquad\qquad = 1 \\ \qquad x_2 \qquad = 2 \\ \qquad\qquad x_3 = 3 \end{cases}
$$

となり，よって，解はただ 1 組 $x_1 = 1$, $x_2 = 2$, $x_3 = 3$ である．

3.3 簡約な行列

前節では解がただ 1 つだけ存在する連立 1 次方程式を扱い係数行列が単位行列となるように拡大係数行列を変形したが，もっと一般的な連立 1 次方程式についても，同じ方法で解を求める．しかし，この場合は係数行列が単位行列となるような単純な場合ではない．そこで拡大係数行列をどんな形にまで変形すべきかという問題が起こる．つまり解が求めやすい形というのは，どんな行列かということを考えなければならない．その行列の形を次のように決めておこう．それを**簡約な行列**と呼ぶ．この行列を定義する前に，まず次の定義を与えておこう．

定義 3.3.1 (行列の主成分)　零ベクトルでない行ベクトルにおいて，0 でない成分のうち 1 番左にある成分を，その行の**主成分**という．

例えば，次の行列

$$
\begin{pmatrix} 0 & 1 & 2 & 3 \\ -1 & 0 & 0 & 1 \\ 0 & 0 & 0 & 0 \\ 0 & 0 & 3 & 1 \end{pmatrix}
$$

において，第 1 行の主成分は 1，第 2 行の主成分は -1，第 3 行では主成分は考えない，第 4 行の主成分は 3，となる．

定義 3.3.2 (簡約な行列)　次の 4 つの条件を満たす行列を**簡約な行列**という．

(1) 行の中に零ベクトルがあるときは，零ベクトルでない行より下にある．

(2) 各主成分は 1 である．

(3) • 第 1 行の主成分がおかれている列の番号を j_1

• 第 2 行の主成分がおかれている列の番号を j_2

• $\cdots$

とするとき，$j_1 < j_2 < \cdots$ である．

(4) 各行の主成分を含む列において，主成分以外の成分はすべて 0 である．

注意　条件 (3) は，各行の主成分の配置を規定している．第 1 行，第 2 行，… と主成分の位置を見ていくとき，主成分の位置は右にずれていくことを意味している (何列ずれるかは問題にしない)．

単位行列および零行列は簡約な行列であることは，各自で調べてほしい．それ以外の例を少しあげておこう

例 3.3.3 (簡約な行列の例)

(1) $\begin{pmatrix} 1 & 0 & 1 & 2 \\ 0 & 1 & 3 & -2 \\ 0 & 0 & 0 & 0 \end{pmatrix}$　(2) $\begin{pmatrix} 1 & 0 & 1 & 0 \\ 0 & 1 & 3 & 0 \\ 0 & 0 & 0 & 1 \\ 0 & 0 & 0 & 0 \end{pmatrix}$

(3) $\begin{pmatrix} 0 & 1 & 2 & 0 & 3 \\ 0 & 0 & 0 & 1 & -1 \\ 0 & 0 & 0 & 0 & 0 \\ 0 & 0 & 0 & 0 & 0 \end{pmatrix}$

例 3.3.4 (簡約でない行列の例)

(1) $\begin{pmatrix} 0 & 0 & 0 & 0 \\ 1 & 0 & 1 & 2 \\ 0 & 1 & 3 & -2 \end{pmatrix}$ (2) $\begin{pmatrix} 1 & 0 & 0 & 0 & 0 \\ 1 & 0 & 1 & 2 & 3 \\ 0 & 1 & 3 & -2 & 0 \\ 0 & 0 & 0 & 0 & 0 \end{pmatrix}$

上記の簡約でない行列は次の例で示すように何回かの基本変形を繰り返し行うことにより簡約な行列に変形される.

例 3.3.5 (変形の例) 例 3.3.4 の (1) の行列において

$$\begin{pmatrix} 0 & 0 & 0 & 0 \\ 1 & 0 & 1 & 2 \\ 0 & 1 & 3 & -2 \end{pmatrix}$$

1 行と 3 行を入れ替え，さらに 1 行と 2 行を入れ替えると

$$\begin{pmatrix} 1 & 0 & 1 & 2 \\ 0 & 1 & 3 & -2 \\ 0 & 0 & 0 & 0 \end{pmatrix}$$

となり，簡約な行列が得られる.

例 3.3.4 の (2) の行列において

$$\begin{pmatrix} 1 & 0 & 0 & 0 & 0 \\ 1 & 0 & 1 & 2 & 3 \\ 0 & 1 & 3 & -2 & 0 \\ 0 & 0 & 0 & 0 & 0 \end{pmatrix}$$

$\downarrow$ 2 行に 1 行の (-1) 倍を加える

$$\begin{pmatrix} 1 & 0 & 0 & 0 & 0 \\ 0 & 0 & 1 & 2 & 3 \\ 0 & 1 & 3 & -2 & 0 \\ 0 & 0 & 0 & 0 & 0 \end{pmatrix}$$

$\downarrow$ 2 行と 3 行を入れ替える

$$\begin{pmatrix} 1 & 0 & 0 & 0 & 0 \\ 0 & 1 & 3 & -2 & 0 \\ 0 & 0 & 1 & 2 & 3 \\ 0 & 0 & 0 & 0 & 0 \end{pmatrix}$$

$\downarrow$ 2 行に 3 行の (-3) 倍を加える

$$\begin{pmatrix} 1 & 0 & 0 & 0 & 0 \\ 0 & 1 & 0 & -8 & -9 \\ 0 & 0 & 1 & 2 & 3 \\ 0 & 0 & 0 & 0 & 0 \end{pmatrix}$$

となり，簡約な行列を得る．

これらの行列は基本変形により簡約な行列に変形されたが，このことは一般の行列についても成り立つ．次の定理が成り立つ．

定理 3.3.6 どんな行列も基本変形を繰り返し行うことにより簡約な行列に変形できる．また，このとき変形の方法はいろいろあるけれど，出来上がった簡約な行列はただ 1 つに決まる．

行列 A に基本変形を繰り返して簡約な行列を求めることを，**行列 A を簡約化する**という．その結果としてできる簡約な行列を**行列 A の簡約行列**という．

定義 3.3.7 (行列の階数) 行列 A の簡約行列の中にある零ベクトルでない行の個数を行列 A の**階数**といい，$\mathrm{rank}\,(A)$ と表す．

定理 3.3.6 の簡約行列の一意性の証明は第 6 章で与えるが，ここでは行列 $A = (a_{ij})$ の簡約化の方法を述べておく．まず行列 A の 0 でない (i, j) 成分 a_{ij} に対して，(i, j) 成分による掃き出しを定義する．

まず第 i 行に $1/a_{ij}$ を掛ける．この結果 A は

$$\begin{pmatrix} a_{1j} \\ \vdots \\ a_{i-1\,j} \\ 1 \\ a_{i+1\,j} \\ \vdots \\ a_{mj} \end{pmatrix} \begin{matrix} \\ \\ \\ \text{- - - -}\ i\ \text{行} \\ \\ \\ \\ \end{matrix}$$

$$\underset{j\ \text{列}}{\uparrow}$$

と変形される．次に各 $k(\neq i)$ に対し，k 行に $(-a_{kj}) \times (i$ 行$)$ を加えると，行列

$$\begin{pmatrix} 0 \\ \vdots \\ 0 \\ 1 \\ 0 \\ \vdots \\ 0 \end{pmatrix} \begin{matrix} \\ \\ \\ \text{- - - -}\ i\ \text{行} \\ \\ \\ \\ \end{matrix}$$

$$\underset{j\ \text{列}}{\uparrow}$$

を得る．以上の操作を (i, j) 成分 a_{ij} による掃き出しと呼ぶ．

さて行列 A を簡約化しよう．

Step 1: 第 1 列, 第 2 列, $\cdots$ と列ベクトルをみていき，最初に現れる零ベクトルでない列を第 k_1 列とする．k_1 列は零ベクトルではないので必ず 0 でない成分を含む．そこで，その成分を含む行と第 1 行を交換したのち，$(1, k_1)$ 成分による掃き出しを行うことにより，A は

$$\begin{pmatrix} 0 & \cdots & 0 & 1 & * & \cdots & * \\ \vdots & & \vdots & 0 & \vdots & & \vdots \\ \vdots & & \vdots & \vdots & \vdots & & \vdots \\ 0 & \cdots & 0 & 0 & * & \cdots & * \end{pmatrix}$$

$$\underset{k_1\ \text{列}}{\uparrow}$$

と変形される．

Step 2: 第 1 列, 第 2 列, $\cdots$ と列ベクトルをみていき，2 行目以降に 0 でない成分を含む列ベクトルのうち，最初に現れるものを第 k_2 列とする．k_2 列は 2 行目以降に 0 でない成分を含むので，その成分を含む行と第 2 行を交換したのち，$(2, k_2)$ 成分による掃き出しを行う．この結果，次を得る．

$$\begin{pmatrix} 0 & \cdots & 0 & 1 & * & \cdots & * & 0 & * & \cdots & * \\ 0 & \cdots & \cdots & 0 & \cdots & \cdots & 0 & 1 & \vdots & & \vdots \\ \vdots & & & \vdots & & & \vdots & 0 & \vdots & & \vdots \\ \vdots & & & \vdots & & & \vdots & \vdots & \vdots & & \vdots \\ 0 & \cdots & \cdots & 0 & \cdots & \cdots & 0 & 0 & * & \cdots & * \end{pmatrix}$$
$$\begin{matrix} \uparrow & \qquad\qquad & \uparrow \\ k_1\text{列} & & k_2\text{列} \end{matrix}$$

以下同様に $p(\geq 3)$ に対し，

Step p: 第 1 列, 第 2 列, $\cdots$ と列ベクトルをみていき，p 行目以降に 0 でない成分を含む列ベクトルのうち，最初に現れるものを第 k_p 列とする．k_p 列は p 行目以降に 0 でない成分を含むので，その成分を含む行と第 p 行を交換したのち，(p, k_p) 成分による掃き出しを行う．

この操作をくり返すことにより A の簡約行列が得られる．

例題 3.3.8 次の行列を簡約化し，階数を求めよ．

$$\begin{pmatrix} 0 & 3 & 3 & 6 & 0 \\ 1 & -2 & -1 & -4 & 1 \\ 2 & -1 & 1 & -2 & 2 \end{pmatrix}$$

解答

$$\begin{pmatrix} 0 & 3 & 3 & 6 & 0 \\ 1 & -2 & -1 & -4 & 1 \\ 2 & -1 & 1 & -2 & 2 \end{pmatrix}$$

$\downarrow$ 1 行と 2 行を入れ替える

$$\begin{pmatrix} 1 & -2 & -1 & -4 & 1 \\ 0 & 3 & 3 & 6 & 0 \\ 2 & -1 & 1 & -1 & 2 \end{pmatrix}$$

$\downarrow$ 3 行に $(-2)\times$(1 行) を加える

$$\begin{pmatrix} 1 & -2 & -1 & -4 & 1 \\ 0 & 3 & 3 & 6 & 0 \\ 0 & 3 & 3 & 6 & 0 \end{pmatrix}$$

$\downarrow$ 2 行に 1/3 を掛ける

$$\begin{pmatrix} 1 & -2 & -1 & -4 & 1 \\ 0 & 1 & 1 & 2 & 0 \\ 0 & 3 & 3 & 6 & 0 \end{pmatrix}$$

$\downarrow$ 1 行に $2\times$(2 行) を加える
$\downarrow$ 3 行に $(-3)\times$(2 行) を加える

$$\begin{pmatrix} 1 & 0 & 1 & 0 & 1 \\ 0 & 1 & 1 & 2 & 0 \\ 0 & 0 & 0 & 0 & 0 \end{pmatrix}$$

となるので，階数は 2 である．

3.4 一般の連立 1 次方程式の解法

まず次の例題を考えよう．

例題 3.4.1 次の連立 1 次方程式を解け．

$$\begin{cases} x_1 - x_2 + x_3 + 3x_4 = -1 \\ 3x_1 - 2x_2 + 6x_3 + 7x_4 = -3 \\ -x_1 + 3x_2 + 5x_3 - 7x_4 = 1 \end{cases}$$

解答 まず，この方程式の拡大係数行列を簡約化してみよう．

$$\left(\begin{array}{rrrr|r} 1 & -1 & 1 & 3 & -1 \\ 3 & -2 & 6 & 7 & -3 \\ -1 & 3 & 5 & -7 & 1 \end{array}\right)$$

↓ 2 行に $(-3)\times$(1 行) を加える
↓ 3 行に 1 行を加える

$$\left(\begin{array}{rrrr|r} 1 & -1 & 1 & 3 & -1 \\ 0 & 1 & 3 & -2 & 0 \\ 0 & 2 & 6 & -4 & 0 \end{array}\right)$$

↓ 1 行に 2 行を加える
↓ 3 行に $(-2)\times$(2 行) を加える

$$\left(\begin{array}{rrrr|r} 1 & 0 & 4 & 1 & -1 \\ 0 & 1 & 3 & -2 & 0 \\ 0 & 0 & 0 & 0 & 0 \end{array}\right)$$

この行列を拡大係数行列とする次の連立 1 次方程式は

$$\begin{cases} x_1 + 4x_3 + x_4 = -1 \\ x_2 + 3x_3 - 2x_4 = 0 \\ 0x_1 + 0x_2 + 0x_3 + 0x_4 = 0 \end{cases}$$

である．まずこの連立方程式の第 3 式は，x_1, x_2, x_3, x_4 の値が何であれ成立するので，この方程式の解は次の連立 1 次方程式

$$\begin{cases} x_1 + 4x_3 + x_4 = -1 \\ x_2 + 3x_3 - 2x_4 = 0 \end{cases}$$

の解である．さらに主成分に対応する変数 x_1, x_2 を左辺に残し，他の変数を右辺に移行すると次の方程式

$$\begin{cases} x_1 = -1 - 4x_3 - x_4 \\ x_2 = -3x_3 + 2x_4 \end{cases}$$

を得る．ではこの方程式の解はどんなものであろうか．この方程式の具体的な

解を，1 組でもよいから求めたければ，右辺の未知数 x_3, x_4 に勝手な数，例えば $x_3 = 0,\ x_4 = 1$ を代入してみる．左辺の未知数 x_1, x_2 の値 $x_1 = -2,\ x_2 = 2$ が容易に読み取れるような形をしており，その結果 1 つの解 $x_1 = -2,\ x_2 = 2,\ x_3 = 0,\ x_4 = 1$ が得られる．

このようにして未知数 x_3, x_4 にいろいろな数を代入していけばすべての解は見つかるが，残念なことに無限通りの代入の方法があるので，無限通りの解が存在する．したがって具体的に解をすべて列挙することはできない．このようなときは，右辺の主成分に対応しない未知数 x_3, x_4 に代入するいろいろな数を代表して文字を用い，例えば $x_3 = c_1$，$x_4 = c_2$ とすると，解は

$$\begin{cases} x_1 = -1 - 4c_1 - c_2 \\ x_2 = -3c_1 + 2c_2 \\ x_3 = c_1 \\ x_4 = c_2 \end{cases} \qquad (c_1, c_2 \text{ は任意の実数})$$

と表される．今後，解はベクトルの形式を用いて次のように表すことにする．

$$\begin{pmatrix} x_1 \\ x_2 \\ x_3 \\ x_4 \end{pmatrix} = \begin{pmatrix} -1 - 4c_1 - c_2 \\ -3c_1 + 2c_2 \\ c_1 \\ c_2 \end{pmatrix} = \begin{pmatrix} -1 \\ 0 \\ 0 \\ 0 \end{pmatrix} + c_1 \begin{pmatrix} -4 \\ -3 \\ 1 \\ 0 \end{pmatrix} + c_2 \begin{pmatrix} -1 \\ 2 \\ 0 \\ 1 \end{pmatrix}$$

$$(c_1, c_2 \text{ は任意の実数})$$

では，次の連立 1 次方程式はどうだろうか．この方程式は前の例題における方程式の定数項が異なるだけである．

例題 3.4.2 次の連立 1 次方程式を解け．

$$\begin{cases} x_1 - x_2 + x_3 + 3x_4 = -1 \\ 3x_1 - 2x_2 + 6x_3 + 7x_4 = -3 \\ -x_1 + 3x_2 + 5x_3 - 7x_4 = 2 \end{cases}$$

解答 前の例題のように，拡大係数行列を簡約化すると

$$\left(\begin{array}{rrrr|r} 1 & -1 & 1 & 3 & -1 \\ 3 & -2 & 6 & 7 & -3 \\ -1 & 3 & 5 & -7 & 2 \end{array}\right)$$
$$\downarrow$$
$$\left(\begin{array}{rrrr|r} 1 & -1 & 1 & 3 & -1 \\ 0 & 1 & 3 & -2 & 0 \\ 0 & 2 & 6 & -4 & 1 \end{array}\right)$$
$$\downarrow$$
$$\left(\begin{array}{rrrr|r} 1 & 0 & 4 & 1 & 0 \\ 0 & 1 & 3 & -2 & 0 \\ 0 & 0 & 0 & 0 & 1 \end{array}\right)$$

簡約化された拡大係数行列は，次の連立1次方程式

$$\begin{cases} x_1 \qquad\quad + 4x_3 + \ \ x_5 = 0 \\ \qquad\quad x_2 + 3x_3 - 2x_4 = 0 \\ 0x_1 + 0x_2 + 0x_3 + 0x_4 = 1 \end{cases}$$

を表す．このとき第3式を満たす x_1, x_2, x_3, x_4 の値は存在しない．なぜならどんな値を第3式の x_1, x_2, x_3, x_4 に代入しても，左辺の計算結果は0で右辺の値1にならないからである．したがって，この連立1次方程式の解は存在しない．

これらの例題からわかるように一般の場合，

$$\begin{cases} a_{11}x_1 + \ a_{12}x_2 + \cdots + \ a_{1n}x_n = \ b_1 \\ a_{21}x_1 + \ a_{22}x_2 + \cdots + \ a_{2n}x_n = \ b_2 \\ \qquad\qquad\qquad \vdots \\ a_{m1}x_1 + a_{m2}x_2 + \cdots + a_{mn}x_n = b_m \end{cases}$$

の拡大係数行列を

$$\left(\begin{array}{cccc|c} a_{11} & a_{12} & \cdots & a_{1n} & b_1 \\ a_{21} & a_{22} & \cdots & a_{2n} & b_2 \\ \vdots & \vdots & & \vdots & \vdots \\ a_{m1} & a_{m2} & \cdots & a_{mn} & b_m \end{array}\right)$$

簡約化すると，定数項に主成分がない場合

$$
\left(\begin{array}{ccccccccccccc|c}
1 & * & \cdots & * & 0 & * & \cdots & \cdots & * & 0 & * & \cdots & * & * \\
0 & 0 & \cdots & 0 & 1 & * & \cdots & \cdots & * & \vdots & \vdots & & \vdots & \vdots \\
0 & 0 & \cdots & 0 & 0 & & & & * & 0 & * & \cdots & * & * \\
\vdots & \vdots & & \vdots & \vdots & & & & & \vdots & \vdots & & \vdots & \vdots \\
0 & 0 & \cdots & 0 & 0 & 0 & \cdots & \cdots & 0 & 1 & * & \cdots & * & * \\
0 & 0 & \cdots & 0 & 0 & 0 & \cdots & \cdots & 0 & 0 & 0 & \cdots & 0 & 0 \\
\vdots & \vdots & & \vdots & \vdots & \vdots & & & \vdots & \vdots & \vdots & & \vdots & \vdots \\
0 & 0 & \cdots & 0 & 0 & 0 & \cdots & \cdots & 0 & 0 & 0 & \cdots & 0 & 0
\end{array}\right)
$$

とそうでない場合

$$
\left(\begin{array}{ccccccccccccc|c}
1 & * & \cdots & * & 0 & * & \cdots & \cdots & * & 0 & * & \cdots & * & * \\
0 & 0 & \cdots & 0 & 1 & * & \cdots & \cdots & * & \vdots & \vdots & & \vdots & \vdots \\
0 & 0 & \cdots & 0 & 0 & & & & * & 0 & * & \cdots & * & * \\
\vdots & \vdots & & \vdots & \vdots & & & & & \vdots & \vdots & & \vdots & \vdots \\
0 & 0 & \cdots & 0 & 0 & 0 & \cdots & \cdots & 0 & 1 & * & \cdots & * & * \\
0 & 0 & \cdots & 0 & 0 & 0 & \cdots & \cdots & 0 & 0 & 0 & \cdots & 0 & 1 \\
0 & 0 & \cdots & 0 & 0 & 0 & \cdots & \cdots & 0 & 0 & 0 & \cdots & 0 & 0 \\
\vdots & \vdots & & \vdots & \vdots & \vdots & & & \vdots & \vdots & \vdots & & \vdots & \vdots \\
0 & 0 & \cdots & 0 & 0 & 0 & \cdots & \cdots & 0 & 0 & 0 & \cdots & 0 & 0
\end{array}\right)
$$

という 2 通りの結果が得られるが，前者の場合は，この方程式の主成分に対応しない未知数にいろいろな値を代入して主成分に対応している未知数の値を読み取ることにより解が得られ，後者の場合は，解が存在しない．ここで次の定理を得る．

定理 3.4.3 (連立 1 次方程式の解の個数)

(1) $\mathrm{rank}(A) \neq \mathrm{rank}\left(\begin{array}{c|c} A & \boldsymbol{b} \end{array}\right)$ のとき，解なし

(2) $\mathrm{rank}(A) = \mathrm{rank}\left(\begin{array}{c|c} A & \boldsymbol{b} \end{array}\right) \neq$ 未知数の個数とき，解は無限個

(3) $\mathrm{rank}(A) = \mathrm{rank}\left(\begin{array}{c|c} A & \boldsymbol{b} \end{array}\right) =$ 未知数の個数のとき，解はただ 1 つ

定義 3.4.4 (同次連立 1 次方程式) 定数項がすべて 0 となっている連立 1 次方程式

$$\begin{cases} a_{11}x_1 + a_{12}x_2 + \cdots + a_{1n}x_n = 0 \\ a_{21}x_1 + a_{22}x_2 + \cdots + a_{2n}x_n = 0 \\ \qquad\qquad \vdots \\ a_{m1}x_1 + a_{m2}x_2 + \cdots + a_{mn}x_n = 0 \end{cases}$$

を同次連立 1 次方程式という．この場合，各未知数に 0 を代入すれば，すべての式が成立するので少なくとも 1 つの解

$$\begin{pmatrix} x_1 \\ x_2 \\ \vdots \\ x_n \end{pmatrix} = \begin{pmatrix} 0 \\ 0 \\ \vdots \\ 0 \end{pmatrix}$$

が存在する．もちろん先ほどの定理を用いてもそのことが証明される．これはすぐ得られる解という意味で**自明な解**と呼ばれる．

例題 3.4.5 次の同次連立 1 次方程式を解け．

$$\begin{cases} 3x_1 \qquad\qquad - 6x_4 + 9x_5 = 0 \\ \qquad\quad -2x_3 - 8x_4 + 2x_5 = 0 \\ x_1 + x_3 + 2x_4 + 2x_5 = 0 \end{cases}$$

解答 拡大係数列を次のように変形する．

$$\left(\begin{array}{ccccc|c} 3 & 0 & 0 & -6 & 9 & 0 \\ 0 & 0 & -2 & -8 & 2 & 0 \\ 1 & 0 & 1 & 2 & 2 & 0 \end{array}\right)$$

$\downarrow$ 1 行と 3 行を入れ替える

$$\left(\begin{array}{ccccc|c} 1 & 0 & 1 & 2 & 2 & 0 \\ 0 & 0 & -2 & -8 & 2 & 0 \\ 3 & 0 & 0 & -6 & 9 & 0 \end{array}\right)$$

$\downarrow$ 3 行に $(-3)\times$(1 行) を加える

$$\left(\begin{array}{ccccc|c} 1 & 0 & 1 & 2 & 2 & 0 \\ 0 & 0 & -2 & -8 & 2 & 0 \\ 0 & 0 & -3 & -12 & 3 & 0 \end{array}\right)$$

$\downarrow$ $(-1/2)\times$(2 行)
$\downarrow$ 3 行に $3\times$(1 行) を加える
$\downarrow$ 1 行に $(-1)\times$(2 行) を加える

$$\left(\begin{array}{ccccc|c} 1 & 0 & 0 & -2 & 3 & 0 \\ 0 & 0 & 1 & 4 & -1 & 0 \\ 0 & 0 & 0 & 0 & 0 & 0 \end{array}\right)$$

となり，これは

$$\begin{cases} x_1 - 2x_4 + 3x_5 = 0 \\ x_3 + 4x_4 - x_5 = 0 \end{cases} \Leftrightarrow \begin{cases} x_1 = 2x_4 - 3x_5 \\ x_3 = -4x_4 + x_5 \end{cases}$$

となる．したがって未知数 x_2, x_4, x_5 をそれぞれ $x_2 = c_1$, $x_4 = c_2$, $x_5 = c_3$ とすると，解は次のようになる．

$$\begin{pmatrix} x_1 \\ x_2 \\ x_3 \\ x_4 \\ x_5 \end{pmatrix} = \begin{pmatrix} 2c_2 - 3c_3 \\ c_1 \\ -4c_2 + c_3 \\ c_2 \\ c_3 \end{pmatrix} = c_1 \begin{pmatrix} 0 \\ 1 \\ 0 \\ 0 \\ 0 \end{pmatrix} + c_2 \begin{pmatrix} 2 \\ 0 \\ -4 \\ 1 \\ 0 \end{pmatrix} + c_3 \begin{pmatrix} -3 \\ 0 \\ 1 \\ 0 \\ 1 \end{pmatrix}$$

(c_1, c_2, c_3 は任意の実数)

連立 1 次方程式 $A\boldsymbol{x} = \boldsymbol{b}$ と同次連立 1 次方程式 $A\boldsymbol{x} = \boldsymbol{0}$ の解の関係を述べておこう．いま $A\boldsymbol{x} = \boldsymbol{b}$ の 1 つの解を $\boldsymbol{a}$ とする．このときもう 1 つの解 $\boldsymbol{y}$ との差 $\boldsymbol{y} - \boldsymbol{a}$ は同次連立 1 次方程式 $A\boldsymbol{x} = \boldsymbol{0}$ の解となっている．なぜなら，

$$A(\boldsymbol{y}-\boldsymbol{a}) = A\boldsymbol{y} - A\boldsymbol{a} = \boldsymbol{b} - \boldsymbol{b} = \boldsymbol{0}$$

となるからである．このことから解 $\boldsymbol{y}$ は，$\boldsymbol{a}$ と同次連立 1 次方程式 $A\boldsymbol{x} = \boldsymbol{0}$ の解 $\boldsymbol{y}-\boldsymbol{a}$ の和として表される．

また逆に $\boldsymbol{a}$ と同次連立 1 次方程式 $A\boldsymbol{x} = \boldsymbol{0}$ の任意の解 $\boldsymbol{x}$ との和 $\boldsymbol{a}+\boldsymbol{x}$ は

$$A(\boldsymbol{a}+\boldsymbol{x}) = A\boldsymbol{a} + A\boldsymbol{x} = \boldsymbol{b} + \boldsymbol{0} = \boldsymbol{b}$$

となるので，連立 1 次方程式 $A\boldsymbol{x} = \boldsymbol{b}$ の解である．

以上より，連立 1 次方程式 $A\boldsymbol{x} = \boldsymbol{b}$ の 1 組の解 $\boldsymbol{a}$ がわかっていたとすると，他のすべての解は

$$\boldsymbol{a}+\boldsymbol{x},\ \text{ただし } \boldsymbol{x} \text{ は同次連立 1 次方程式 } A\boldsymbol{x} = \boldsymbol{0} \text{ の任意の解}$$

という形に表現されることになる．

3.5 逆　行　列

この節で連立 1 次方程式の解法の応用の 1 つとして，行列の逆行列について話をする．ここで扱う行列は，n 次の正方行列である．

定義 3.5.1 (**正則行列**)　n 次正方行列 A に対し，n 次正方行列 B で

$$(*) \qquad AB = BA = E_n$$

となる行列 B が存在するとき，A は**正則行列**であるという．このとき，$(*)$ を満たす行列はただ 1 つである．なぜなら，$(*)$ を満たす行列が 2 つあってそれぞれを B, C とすると，

$$C = CE = C(AB) = (CA)B = EB = B$$

となり，B と C は一致する．以上より $(*)$ を満たす行列は存在するなら 1 つなので，その行列を**行列 A の逆行列**といい，A^{-1} と表す．

次の定理が成立する (この証明については付録を参照)．

定理 3.5.2　n 次正方行列 A に対して次の 3 つの条件は同値である．

(1) $AB = E$ となる n 次正方行列 B が存在する

(2) A は正則行列

(3) $\mathrm{rank}(A) = n$

(1) における行列 B は行列 A の逆行列である．実際，上の定理より A は正則行列であるので，A の逆行列 A^{-1} が存在する．A^{-1} を $AB = E$ の両辺に左から掛けることにより，$B = A^{-1}$ が得られる．

このことより，正則行列の逆行列は次のようにして得られる．

いま A の逆行列を

$$B = (\boldsymbol{b}_1\ \boldsymbol{b}_2\ \cdots\ \boldsymbol{b}_n)$$

と表すことにし，単位行列の 1 列, 2 列, $\cdots$, n 列を

$$\boldsymbol{e}_1 = \begin{pmatrix} 1 \\ 0 \\ 0 \\ \vdots \\ 0 \end{pmatrix}, \quad \boldsymbol{e}_2 = \begin{pmatrix} 0 \\ 1 \\ 0 \\ \vdots \\ 0 \end{pmatrix}, \quad \cdots, \quad \boldsymbol{e}_n = \begin{pmatrix} 0 \\ 0 \\ \vdots \\ 0 \\ 1 \end{pmatrix}$$

とするとき，

$$\begin{aligned} AB = A(\boldsymbol{b}_1\ \boldsymbol{b}_2\ \cdots\ \boldsymbol{b}_n) &= (A\boldsymbol{b}_1\ A\boldsymbol{b}_2\ \cdots\ A\boldsymbol{b}_n) \\ &= (\boldsymbol{e}_1\ \boldsymbol{e}_2\ \cdots\ \boldsymbol{e}_n) = E_n \end{aligned}$$

となるので，逆行列の各列は n 個の連立 1 次方程式

$$A\boldsymbol{x} = \boldsymbol{e}_1, \quad A\boldsymbol{x} = \boldsymbol{e}_2, \cdots, \quad A\boldsymbol{x} = \boldsymbol{e}_n$$

の解を求めてそれらを並べた行列である．これらの連立 1 次方程式を解くには各連立 1 次方程式の拡大係数行列

$$(\ A \mid \boldsymbol{e}_1\ ), (\ A \mid \boldsymbol{e}_2\ ), \cdots, (\ A \mid \boldsymbol{e}_n\ )$$

を簡約化すればよいが，この簡約化は行列 A が単位行列になるように行えばよ

いので，すべて同じ基本変形の仕方になる．そこでこれら n 個の簡約化を一度に行うため次の行列

$$\left(\begin{array}{c|c} A & \boldsymbol{e}_1\,\boldsymbol{e}_2\,\cdots\,\boldsymbol{e}_n \end{array}\right) = \left(\begin{array}{c|c} A & E_n \end{array}\right)$$

を作り，その行列を簡約化して

$$\left(\begin{array}{c|c} E_n & * \end{array}\right)$$

となったとき，右側にできる行列 $(*)$ が逆行列となる．

例題 3.5.3 次の行列の逆行列を求めよ．

$$A = \begin{pmatrix} 2 & 3 & 5 \\ 1 & 2 & 2 \\ 0 & 0 & 1 \end{pmatrix}$$

解答

$$\left(\begin{array}{ccc|ccc} 2 & 3 & 5 & 1 & 0 & 0 \\ 1 & 2 & 2 & 0 & 1 & 0 \\ 0 & 0 & 1 & 0 & 0 & 1 \end{array}\right)$$

$$\downarrow \quad 1\text{ 行と } 2\text{ 行を入れ替える}$$

$$\left(\begin{array}{ccc|ccc} 1 & 2 & 2 & 0 & 1 & 0 \\ 2 & 3 & 5 & 1 & 0 & 0 \\ 0 & 0 & 1 & 0 & 0 & 1 \end{array}\right)$$

$$\downarrow \quad 2\text{ 行に } (-2)\times(1\text{ 行}) \text{ を加える}$$

$$\left(\begin{array}{ccc|ccc} 1 & 2 & 2 & 0 & 1 & 0 \\ 0 & -1 & 1 & 1 & -2 & 0 \\ 0 & 0 & 1 & 0 & 0 & 1 \end{array}\right)$$

$$\downarrow \quad (-1)\times(2\text{ 行})$$

$$\left(\begin{array}{ccc|ccc} 1 & 2 & 2 & 0 & 1 & 0 \\ 0 & 1 & -1 & -1 & 2 & 0 \\ 0 & 0 & 1 & 0 & 0 & 1 \end{array}\right)$$

$\downarrow$ 1 行に $(-2)\times(2$ 行$)$ を加える

$$\left(\begin{array}{ccc|ccc} 1 & 0 & 4 & 2 & -3 & 0 \\ 0 & 1 & -1 & -1 & 2 & 0 \\ 0 & 0 & 1 & 0 & 0 & 1 \end{array}\right)$$

$\downarrow$ 1 行に $(-4)\times(3$ 行$)$ を加える

$\downarrow$ 2 行に 3 行を加える

$$\left(\begin{array}{ccc|ccc} 1 & 0 & 0 & 2 & -3 & -4 \\ 0 & 1 & 0 & -1 & 2 & 1 \\ 0 & 0 & 1 & 0 & 0 & 1 \end{array}\right)$$

となるので，A の逆行列 A^{-1} は

$$A^{-1} = \begin{pmatrix} 2 & -3 & -4 \\ -1 & 2 & 1 \\ 0 & 0 & 1 \end{pmatrix}$$

である．

練　習　問　題

3.1 行列の階数は次のように記述することもできることを確かめよ．

(1) 簡約行列の主成分の個数

(2) 簡約行列の主成分を含む列ベクトルの個数

3.2 次の行列を簡約化し階数を求めよ．

(1) $\begin{pmatrix} 1 & 1 & -1 & -1 \\ 2 & 0 & 1 & 1 \\ 1 & -1 & 2 & 0 \end{pmatrix}$　　(2) $\begin{pmatrix} 1 & 2 & 1 \\ 1 & 0 & -1 \\ -1 & 1 & 0 \\ -1 & 1 & 0 \end{pmatrix}$

(3) $\begin{pmatrix} 1 & -2 & -1 & 1 & 1 \\ -2 & 4 & 3 & 0 & 0 \\ -3 & 6 & 8 & 7 & 1 \\ 1 & -2 & 2 & 6 & 1 \end{pmatrix}$

3.3 次の行列の階数を求めよ.

$$\begin{pmatrix} 1 & 1 & 1 & 1 \\ 1 & \lambda & 1 & 1 \\ 2 & 2 & 2 & \lambda \end{pmatrix}$$

3.4 次の連立1次方程式を解け.

(1) $\begin{cases} x_1 - 2x_2 + x_3 = 1 \\ x_2 + 2x_3 = 1 \\ 3x_2 - 4x_3 = 23 \end{cases}$ (2) $\begin{cases} x_1 + x_2 + x_3 + x_4 = 2 \\ 2x_1 + 3x_2 + 2x_3 + 4x_4 = 5 \\ -2x_2 + x_3 + x_4 = 1 \\ x_1 + x_2 + x_3 = 1 \end{cases}$

(3) $\begin{cases} x_1 + 2x_2 + 3x_3 + 3x_4 = 3 \\ x_1 + 2x_2 + 3x_4 = 1 \\ x_1 + x_3 + x_4 = 3 \\ x_1 + x_2 + x_3 + 2x_4 = 1 \end{cases}$

(4) $\begin{cases} 3x_1 + x_2 + 4x_3 - x_4 = -1 \\ 2x_1 - x_2 + 3x_3 + 3x_4 + 2x_5 = 1 \\ x_1 - 2x_2 + 3x_4 + x_5 = 3 \end{cases}$

3.5 次の連立1次方程式が解をもつような α の値を求め，そのときの解を求めよ.

$$\begin{cases} x_1 + x_2 + x_3 = 5 \\ x_1 - 3x_2 - x_3 - 10x_4 = \alpha \\ 2x_1 - 4x_4 = 7 \\ x_1 + x_2 + x_4 = 4 \end{cases}$$

3.6 次の行列の逆行列を求めよ.

(1) $\begin{pmatrix} 2 & 4 & 6 \\ 1 & 3 & 7 \\ 3 & 3 & -2 \end{pmatrix}$ (2) $\begin{pmatrix} 1 & 1 & -2 & 0 \\ -1 & 0 & 1 & -1 \\ 2 & 1 & 0 & 6 \\ 1 & -1 & 1 & 4 \end{pmatrix}$

3.7 行列 A, B が正則行列のとき，次の事柄を示せ.

(1) 行列 A^{-1} は正則行列で，その逆行列 $(A^{-1})^{-1}$ は A である.

(2) 行列 AB は正則行列で，その逆行列 $(AB)^{-1}$ は $B^{-1}A^{-1}$ である.

4
集　　合

この章では，数学的記述の基礎となる集合という考え方について説明する．この考え方は，人間の物事に対する認識において，たいへん素朴で基本的なものがもとになっている．

4.1　集　　合

世の中には人が認識する対象物が非常にたくさんあるわけだが，それらをより良く認識・理解しようとするとき，意識的であれ無意識的であれ，よくとられる考え方として，それら対象物の中のいくつかを集めてみる，まとめてみる，ということを行っているように思われる．もちろん実際に一箇所に集めるというのではなく，何か共通の性質に着目して，リストアップするわけである．分類，ジャンル分けという考え方もそうだし，もっと素朴に何かしら構成メンバーからなるものを想起する (自分の家族をふと思うとか) ということは日常的に行っている．もちろん，この集めてみるという操作は必ずしも共通の性質をもつということによってのみ成さなければならないわけではない．例えばアンケートをとるために任意に選ばれた 1000 人の集まりのメンバーの共通の性質は，あえていえば，アンケートをとるために選ばれた人であるということそれのみであろう．

さて数学では，この基本的な考え方を “集合” という概念で，理想化，形式化してとり入れる．まず，集められる “もの” は数学的 (考察の) 対象物である．例えば，数の 3 とか 5 とか，行列 $\begin{pmatrix} 2 & 1 \\ 1 & 1 \end{pmatrix}$，方程式 $x^2 + 3x - 1 = 0$，半径 1 の円とか，いろいろある．

次に，集められたものたちから成るひとまとまりのものであるが，これを“集合”と呼ぶ．この“集合”をどのように定義するのがよいのだろうか．いま考えたい集合とはどのようなものが集められているのか，何が構成メンバーなのかが命であると考えられる．したがって，何か 1 つものが与えられたとき，そのものがいま考えている 1 つの集合の構成要素である (属している) のかどうかが判然とする必要がある．

では，集合の定義をしてみよう．

定義 4.1.1 A が**集合**であるとは，任意に与えられたもの a に対して，a は A に“属す”か，a は A に“属さない”かが明確に確定しているときにいう．

明確に確定すると書いたが，これは必ずしも速やかに判断できるということと同じではない．どちらかではあることが保証できれば，実際にどちらであるかの判断にはいくら時間がかかってもかまわない．

集合 A に a が属すとき，a は A の**要素**であるいい，$a \in A$ と表す．また，集合 A に a が属さないとき，$a \notin A$ と表す．

集合の定義よりすべてのものが属さない，つまり要素をもたない集合を想定すべきである．この集合を**空集合**といい ϕ と表す．任意の a に対し，$a \notin \phi$ である．

4.2 集合の表し方

次に，具体的な集合の表し方を説明する．

1. 集めたいものを呼ぶ呼び方がすでに手短かに確立しているときは，それを使って，“○○○を要素とする集合”と直接書く．

例 4.2.1

(1) 自然数全体の集合．これは通常 $\mathbb{N}$ で表す．自然数であれば要素であり，自然数でなければ要素ではない．例えば，$1 \in \mathbb{N}$ であり，$1/2 \notin \mathbb{N}$ である．

(2) 整数全体の集合．これは通常 $\mathbb{Z}$ で表す．

(3) 有理数全体の集合．これは通常 $\mathbb{Q}$ で表す．

(4) 実数全体の集合．これは通常 $\mathbb{R}$ で表す．

(5) 複素数全体の集合．これは通常 $\mathbb{C}$ で表す．

(6) 偶数全体の集合．

(7) 実数係数 2 次方程式全体の集合．

(8) 平面上の円全体の集合．

次の 2 つは一目見て集合とわかるようにカッコ $\{\ \}$ を書いて，$\{\ \}$ の中にどういうものを要素とするかがわかるような内容を書く．

2. 要素を指し示す語句 (記号) を $\{\ \}$ の中にすべて列挙する．

例 4.2.2

(1) $\{1,2,3\}$

例えば，$1 \in \{1,2,3\}$ であり，$5 \notin \{1,2,3\}$ である．

(2) $\{x^2+x+1=0,\ x^2+2x-1=0,\ 2x^2-x+3=0\}$

この例では，もちろん各式は 2 次方程式を書いたつもりである．

(3) $\{a,b,c\}$

この例では a,b,c と書いたものが何なのか判然としないが，とにかくそれらが “もの” であって，何かものを持ってきたときに，それが a,b,c のそれぞれと同じものなのかどうかが確定する状況と考えられるならよい．また，a,b,c の中に同じものがあるかどうかも，事前に判断しにくいこともあるから，a,b,c の中に同じものがあっても，上のように書いてよいとする．もちろん a と b が同じものなら $\{a,b,c\}$ と $\{a,c\}$ は同じ集合と考えられる．それは集合としての機能は何ら変わっていないということから当然であろう．

3. 要素をすべて列挙しにくいことも多い．そこで $\{\ \}$ の中にどういうもの

を要素としたいのかを文章で書く．そのときの書き方のくせとして，要素としたいものを仮に記号 (例えば x) で表すとして，まず x と書き，次に $|$ を書いて，その後に，記号 x を用いて要素はこういうもの，という文章を書く．

例 4.2.3

(1) $\{x \mid x$ は自然数で，2 で割り切れる$\}$

これは，偶数全体の集合と同じである．もちろん，$\{k \mid k$ は自然数で，2 で割り切れる$\}$ と書いても，同じ集合を表している．また，x はまず自然数である (つまり自然数全体の集合の要素である) というような前提を $|$ の前に書くこともある．すなわち

$\{x \in \mathbb{N} \mid x$ は 2 で割り切れる$\}$

また，どういうものを要素とするかという文章は一通りではない．例えば

$\{x \in \mathbb{N} \mid$ ある自然数 y があって，$x = 2y\}$

(2) 次の 2 つの集合はどちらも $\{1,2,3\}$ と同じである．

$\{x \in \mathbb{N} \mid 1 \leq x \leq 3\}$

$\{x \in \mathbb{R} \mid (x-1)(x-2)(x-3) = 0\}$

(3) よく使う集合として**区間**がある．$a, b \in \mathbb{R}$, $a < b$ とするとき，

$\{x \in \mathbb{R} \mid a < x < b\}$ を**開区間**といい $]a, b[$ で表す．

$\{x \in \mathbb{R} \mid a \leq x \leq b\}$ を**閉区間**といい $[a, b]$ で表す．

$\{x \in \mathbb{R} \mid a < x \leq b\}$ を**左半開区間**といい $]a, b]$ で表す．

$\{x \in \mathbb{R} \mid a \leq x < b\}$ を**右半開区間**といい $[a, b[$ で表す．

その他の例としては

(4) $\{e \mid e$ は実数係数 2 次方程式で，1 を解にもつ$\}$

(5) $\{c \mid c$ は平面上の円で，平面上の定点 P を内部に含む$\}$

4.3 集合の性質

定義 4.3.1 A, B を集合とする．任意の a に対して，$a \in A$ ならば $a \in B$ が成り立つとき，A は B に**含まれる**，または A は B の**部分集合**であるといい，$A \subset B$ で表す．

例 4.3.2

(1) $\{1,2,3\} \subset \{1,2,3,4,5\} \subset \mathbb{N}$

(2) $[2,5[\ \subset [1,5] \subset \mathbb{R}$

定義 4.3.3 A, B を集合とする．$A \subset B$ かつ $B \subset A$ であるとき，A と B は等しいといい，$A = B$ で表す．

定義 4.3.4 A, B を集合とする．

(1) $\{x \mid x \in A$ かつ $x \in B\}$ を A と B の**共通集合**といい，$A \cap B$ で表す．

(2) $\{x \mid x \in A$ または $x \in B\}$ を A と B の**合併集合**といい，$A \cup B$ で表す．

例 4.3.5

(1) $\{1,2,3\} \cap \{2,3,4\} = \{2,3\}$

(2) $[1,2] \cap [3,4] = \phi$

(3) $\{1,2,3\} \cup \{2,3,4\} = \{1,2,3,4\}$

(4) $]1,3[\ \cup\ ]2,4[\ =\ ]1,4[$

定義 4.3.6 A, B を集合とする．$\{x \mid x \in A$ かつ $x \notin B\}$ を A から B を引いた**差集合**といい，$A - B$ で表す．

例 4.3.7

(1) $\{1,2,3\} - \{2,3,4\} = \{1\}$

(2) $]1,3[\ -\ \{2\} =\ ]1,2[\ \cup\ ]2,3[$

定義 4.3.8 2 つのもの，a, b を考えたとき，a, b に順序を指定するという情報込みで a, b をまとめて考えたものを，a と b の**順序対**といい，(a,b) で表す．2 つの順序対 (a,b) と (c,d) に対して，(a,b) と (c,d) が等しい ($(a,b) = (c,d)$) のは，$a = c$ かつ $b = d$ のときに限るということである．a と b が異なるものであれば，(a,b) と (b,a) は異なる．

2 つの集合 A と B に対して，

$$\{x \mid x = (a,b), \quad a \in A,\ b \in B\}$$

を A と B の**直積集合**といい

$$A \times B$$

で表す．$A \times A$ は A^2 とも書く．

一般に n 個のもの $a_1, a_2, \cdots, a_n$ を順序を考えてまとめたものを

$$(a_1, a_2, \cdots, a_n)$$

で表す．n 個の集合 $A_1, A_2, \cdots, A_n$ に対し，

$$\{x \mid x = (a_1, a_2, \cdots, a_n),\ a_1 \in A_1, a_2 \in A_2, \cdots, a_n \in A_n\}$$

を，$A_1, A_2, \cdots, A_n$ の直積集合といい，

$$A_1 \times A_2 \times \cdots \times A_n$$

で表す．集合 A に対し，n 個の A の直積集合 $A \times A \times \cdots \times A$ を A^n で表す．

例 4.3.9

(1) $\{1, 2\} \times \{2, 3\} = \{(1, 2), (1, 3), (2, 2), (2, 3)\}$

(2) $\mathbb{R}^2 = \mathbb{R} \times \mathbb{R} = \{x \mid x = (a, b),\ a, b \in \mathbb{R}\}$

(3) $\mathbb{R}^3 = \mathbb{R} \times \mathbb{R} \times \mathbb{R} = \{x \mid x = (a, b, c),\ a, b, c \in \mathbb{R}\}$

注意　$\mathbb{R}^3$ は，3 次行ベクトル全体の集合と考えることできる．さらに，$\mathbb{R}^3$ の各要素は 3 つの数の組で決まるので，その表し方を $\begin{pmatrix} a \\ b \\ c \end{pmatrix}$ と表しても本質的な差はない．したがって $\mathbb{R}^3$ は，場合によっては 3 次列ベクトル全体の集合と考えることもできる．もちろん $\mathbb{R}^n$ についても同様である．

練　習　問　題

4.1　$A = \{a, b, c\}$, $B = \{c, d, e\}$ とするとき，次を求めよ．

(1) $A \cap B$,　(2) $A \cup B$,　(3) $A - B$,　(4) $A \times B$,　(5) A の部分集合をすべて．

4.2　A, B, C を集合とするとき，次の等式を示せ．

(1) $A \cap (B \cup C) = (A \cap B) \cup (A \cap C)$

(2) $A \cup (B \cap C) = (A \cup B) \cap (A \cup C)$

5

写　像・関　数

写像という考え方も，集合の考え方に勝るとも劣らず，基本的なものである．

5.1　写　像・関　数

定義 5.1.1　X, Y を 2 つの集合とする．X の各要素に対し，Y の要素が 1 つ決まるような対応の仕方 f があるとき，この 3 つを合わせた (X, Y, f) を X から Y への**写像**という．X の各要素に対し Y のある要素を対応させていることがわかりやすいように，X から Y への写像を

$$f : X \to Y$$

と表すことにする．ここで X を写像 $f : X \to Y$ の**定義域**，Y は写像 $f : X \to Y$ の**値域**という．$x \in X$ に対し，f によって決まる Y の要素を，x の f による**値**といい，$f(x)$ と表す．

定義域の各要素に対し，値域のどの要素を対応させるのかをはっきり示すことにより 1 つの写像が定まる．

例 5.1.2　$X = \{1, 2, 3\}$，$Y = \{2, 3, 4\}$ とする．$f : X \to Y$ を次で定義する．

$$f(1) = 2, \quad f(2) = 3, \quad f(3) = 3$$

上の例からもわかるように，必ずしも値域の要素すべてが定義域の要素に対

応する必要はない.

写像 $f: X \to Y$ においてその値域 Y が実数全体の集合 $\mathbb{R}$ またはその部分集合であるとき $f: X \to Y$ を**関数**という．以後，しばらくは $X = \mathbb{R}$, $Y = \mathbb{R}$ の場合，つまり $f: \mathbb{R} \to \mathbb{R}$ という場合を考える.

例 5.1.3 関数 $f: \mathbb{R} \to \mathbb{R}$ の対応の仕方を次のように決める.

各実数に対して，その実数を 2 倍した実数を対応させる

上の文章は対応の仕方を表しているのでこれで関数の例を 1 つ与えたことになる．しかし，この場合，対応の仕方をもっと簡潔に表すことができる.

各実数を表す記号として，例えば x を用い，どの実数に対してもその実数を 2 倍するのだから，x の f による値 $f(x)$ は

$$f(x) = 2x$$

と表される．このように，記号 x で表されている実数に対応する関数の値を式で表し，その関数の対応の仕方を表すことができることがある．このとき，実数を表す記号として，もちろん x 以外の文字も使える.

例えば，次の等式

$$f(a) = 2a$$

も同じ関数 $f: \mathbb{R} \to \mathbb{R}$ の対応の仕方を表している.

例 5.1.4 (定数関数)

$$f: \mathbb{R} \to \mathbb{R},\ f(x) = 3$$

このように $x \in \mathbb{R}$ に対し，その関数の値が常にある定数で与えられる関数を**定数関数**という．一般に，$a \in \mathbb{R}$ とするとき，

$$f: \mathbb{R} \to \mathbb{R},\ f(x) = a$$

例 5.1.5 (恒等関数)

$$f : \mathbb{R} \to \mathbb{R},\ f(x) = x$$

このように $x \in \mathbb{R}$ に対し，その関数の値が常に x である関数を**恒等関数**という．

例 5.1.6 (1 次関数)

$$f : \mathbb{R} \to \mathbb{R},\ f(x) = -2x + 1$$

このように $x \in \mathbb{R}$ に対し，その関数の値が常に x に関する 1 次式で与えられる関数を**1 次関数**という．一般に，$a, b \in \mathbb{R}$ とするとき，

$$f : \mathbb{R} \to \mathbb{R},\ f(x) = ax + b$$

例 5.1.7 (2 次関数)　$a, b, c \in \mathbb{R}$ とするとき，

$$f : \mathbb{R} \to \mathbb{R},\ f(x) = ax^2 + bx + c$$

例 5.1.8 (多項式関数)　$a_0, a_1, a_2, \cdots, a_n \in \mathbb{R}$ とするとき，

$$f : \mathbb{R} \to \mathbb{R},\ f(x) = a_0 + a_1 x + a_2 x^n + \cdots + a_n x^n$$

関数は値域が実数であるから，実数の和・差・積・商を用いて 2 つの関数から 1 つ関数を指定する操作が定義される．

定義 5.1.9 (関数の実数倍)　$a \in \mathbb{R}$，関数 $f : \mathbb{R} \to \mathbb{R}$ に対して，関数 $af : \mathbb{R} \to \mathbb{R}$ を次で定義する．

$$(af)(x) = a \cdot f(x)$$

定義 5.1.10 (関数の和)　関数 $f : \mathbb{R} \to \mathbb{R}$，関数 $g : \mathbb{R} \to \mathbb{R}$ に対して，関数

$f+g:\mathbb{R}\to\mathbb{R}$ を次で定義する．

$$(f+g)(x)=f(x)+g(x)$$

定義 5.1.11 (**関数の積**)　関数 $f:\mathbb{R}\to\mathbb{R}$，関数 $g:\mathbb{R}\to\mathbb{R}$ に対して，関数 $fg:\mathbb{R}\to\mathbb{R}$ を次で定義する．

$$(fg)(x)=f(x)\cdot g(x)$$

定義 5.1.12 (**関数の商**)　関数 $f:\mathbb{R}\to\mathbb{R}$，関数 $g:\mathbb{R}\to\mathbb{R}$ に対して，$X=\{x\in\mathbb{R}\mid g(x)\neq 0\}$ とするとき，関数

$$\frac{f}{g}:X\to\mathbb{R}$$

を次で定義する．

$$\frac{f}{g}(x)=\frac{f(x)}{g(x)}$$

対応を 2 度続けて行うことによって，2 つの関数から 1 つ関数を指定できる場合がある．

定義 5.1.13 (**関数の合成**)　関数 $f:\mathbb{R}\to\mathbb{R}$，関数 $g:\mathbb{R}\to\mathbb{R}$ に対して，関数 $g\circ f:\mathbb{R}\to\mathbb{R}$ を次で定義する．

$$g\circ f(x)=g(f(x))$$

例 5.1.14　2 つの関数 $f:\mathbb{R}\to\mathbb{R}$，$f(x)=2x^2+1$ と，$g:\mathbb{R}\to\mathbb{R}$，$g(x)=2x+3$ に対して，

(1)　$(3f)(x)=3f(x)=3(2x^2+1)=6x^2+3$

(2)　$(f+g)(x)=f(x)+g(x)=(2x^2+1)+(2x+3)=2x^2+2x+4$

(3)　$(fg)(x)=f(x)g(x)=(2x^2+1)(2x+3)=4x^3+6x^2+2x+3$

(4) $\displaystyle \frac{f}{g}(x) = \frac{f(x)}{g(x)} = \frac{2x^2+1}{2x+3} \quad (x \neq -3/2)$

(5) $g \circ f(x) = g(f(x)) = g(2x^2+1) = 2(2x^2+1)+3 = 4x^2+5$

ここまでは主に $\mathbb{R}$ から $\mathbb{R}$ への写像を考えてきたが，ここで，後にも重要となる $\mathbb{R}^n$ から $\mathbb{R}^m$ への写像の例を与えよう．

例 5.1.15 (行列の積を用いて定義される $\mathbb{R}^n$ から $\mathbb{R}^m$ への写像)

ここでは，$\mathbb{R}^n, \mathbb{R}^m$ をそれぞれ n 次列ベクトル全体の集合，m 次列ベクトル全体の集合とする．

A を $m \times n$ 行列とする．$\mathbb{R}^n$ から $\mathbb{R}^m$ への写像 $f : \mathbb{R}^n \to \mathbb{R}^m$ を次で定義する．$\boldsymbol{x} \in \mathbb{R}^n$ に対し，

$$f(\boldsymbol{x}) = A\boldsymbol{x}$$

ここで右辺は行列の積である．この写像には線形性と呼ばれる次の顕著な性質がある．$\boldsymbol{x}, \boldsymbol{y} \in \mathbb{R}^n$, $a \in \mathbb{R}$ に対して，

(1) $f(\boldsymbol{x}+\boldsymbol{y}) = f(\boldsymbol{x}) + f(\boldsymbol{y})$

(2) $f(a\boldsymbol{x}) = af(\boldsymbol{x})$

(1)，(2) を示そう．

$$f(\boldsymbol{x}+\boldsymbol{y}) = A(\boldsymbol{x}+\boldsymbol{y}) = A\boldsymbol{x} + A\boldsymbol{y} = f(\boldsymbol{x}) + f(\boldsymbol{y})$$
$$f(a\boldsymbol{x}) = A(a\boldsymbol{x}) = aA\boldsymbol{x} = af(\boldsymbol{x})$$

次に具体例をあげよう．

(1) $A = \begin{pmatrix} 1 & 2 & 3 \end{pmatrix}$ とする．$f : \mathbb{R}^3 \to \mathbb{R}$ を次で定義する．

$\boldsymbol{x} = \begin{pmatrix} x_1 \\ x_2 \\ x_3 \end{pmatrix} \in \mathbb{R}^3$ に対し，

$$f(\boldsymbol{x}) = A\boldsymbol{x} = \begin{pmatrix} 1 & 2 & 3 \end{pmatrix} \begin{pmatrix} x_1 \\ x_2 \\ x_3 \end{pmatrix} = (x_1 + 2x_2 + 3x_3) = x_1 + 2x_2 + 3x_3$$

(2) $A = \begin{pmatrix} -1 & 2 & 1 \\ 1 & -1 & 2 \\ 3 & 1 & -1 \end{pmatrix}$ とする．$f : \mathbb{R}^3 \to \mathbb{R}^3$ を次で定義する．

$\boldsymbol{x} = \begin{pmatrix} x_1 \\ x_2 \\ x_3 \end{pmatrix} \in \mathbb{R}^3$ に対し，

$$f(\boldsymbol{x}) = A\boldsymbol{x} = \begin{pmatrix} -1 & 2 & 1 \\ 1 & -1 & 2 \\ 3 & 1 & -1 \end{pmatrix} \begin{pmatrix} x_1 \\ x_2 \\ x_3 \end{pmatrix} = \begin{pmatrix} -x_1 + 2x_2 + x_3 \\ x_1 - x_2 + 2x_3 \\ 3x_1 + x_2 - x_3 \end{pmatrix}$$

5.2 関数のグラフ

関数の性質・値の変化の様子を調べる場合に便利なものとして，グラフがある．

定義 5.2.1 関数 $f : \mathbb{R} \to \mathbb{R}$ とする．$x \in \mathbb{R}$ に対する値は $f(x)$ と記すのであった．2 つの実数の組

$$(x, f(x))$$

は，$\mathbb{R}^2$ の要素と考えられ，f の定義域の値をいろいろと考えると，いろいろな $\mathbb{R}^2$ の要素が得られる．このようにして得られる $\mathbb{R}^2$ の要素の全体を f の**グラフ**という．すなわち，

$$f \text{ のグラフ } = \{a \in \mathbb{R}^2 \mid a = (x, y),\ y = f(x)\}$$

となる．

$\mathbb{R}^2$ は座標平面と同一視できるから，この関数のグラフは座標平面上の図形とも考えられる．

例 5.2.2

(1) $f:\mathbb{R}\to\mathbb{R},\ f(x)=2x+1$ とすると

$$f\text{ のグラフ } = \{a\in\mathbb{R}^2 \mid a=(x,y),\ y=2x+1\}$$

これは，平面内の図形としてみると，$(0,1)$ を通り，傾き 2 の直線である．

(2) $f:\mathbb{R}\to\mathbb{R},\ f(x)=x^2$ とすると

$$f\text{ のグラフ } = \{a\in\mathbb{R}^2 \mid a=(x,y),\ y=x^2\}$$

これは，平面内の図形としてみるとき，放物線と呼ばれる図形になる．

練 習 問 題

5.1 $X=\{a,b,c\}$, $Y=\{d,e\}$ とするとき，X から Y への写像をすべて求めよ．

5.2 2 つの関数

$f:\mathbb{R}\to\mathbb{R},\ f(x)=3x^2+x-2$

$g:\mathbb{R}\to\mathbb{R},\ g(x)=2x-1$

に対して，次の関数を求めよ．

(1) $f+g$, (2) fg, (3) f/g, (4) $f\circ g$, (5) $g\circ f$

5.3 例 5.2.2 の関数のグラフの概形を座標平面上に描け．

6

ベクトル空間

ベクトル空間とは和と実数倍がうまく定義された集合のことであり，現代数学では欠かせない概念の 1 つである．しかし通常のベクトル空間の定義は抽象的で少々理解しづらいので，ここでは特殊な場合のみを扱うことにする．

6.1 ベクトル空間

第 2 章で述べたとおり，n 行 1 列の行列を n 次 (列) **ベクトル**と呼ぶ．また n 次ベクトル全体からなる集合

$$\left\{ \begin{pmatrix} a_1 \\ a_2 \\ \vdots \\ a_n \end{pmatrix} \middle| \; a_1, \cdots, a_n \in \mathbb{R} \right\}$$

を $\mathbb{R}^n$ を用いて表す．ここで $\mathbb{R}^n$ の要素は行列なので，行列に定義した演算 (和，実数倍) がそのまま適用できる．つまり $\mathbb{R}^n$ のベクトル

$$\boldsymbol{a} = \begin{pmatrix} a_1 \\ a_2 \\ \vdots \\ a_n \end{pmatrix}, \quad \boldsymbol{b} = \begin{pmatrix} b_1 \\ b_2 \\ \vdots \\ b_n \end{pmatrix}$$

に対し，和 $\boldsymbol{a} + \boldsymbol{b}$ は

$$\boldsymbol{a}+\boldsymbol{b}=\begin{pmatrix} a_1+b_1 \\ a_2+b_2 \\ \vdots \\ a_n+b_n \end{pmatrix}$$

で定義され，実数 λ に対して，ベクトル $\boldsymbol{a}$ の実数倍は

$$\lambda\boldsymbol{a}=\begin{pmatrix} \lambda a_1 \\ \lambda a_2 \\ \vdots \\ \lambda a_n \end{pmatrix}$$

で定義されている．

行列の演算で確かめたように，$\mathbb{R}^n$ のベクトル $\boldsymbol{u},\boldsymbol{v},\boldsymbol{w}$ と実数 a,b に対し，次の (1)～(8) が成立する．

(1) $\boldsymbol{u}+\boldsymbol{v}=\boldsymbol{v}+\boldsymbol{u}$, (2) $(\boldsymbol{u}+\boldsymbol{v})+\boldsymbol{w}=\boldsymbol{u}+(\boldsymbol{v}+\boldsymbol{w})$

(3) $\boldsymbol{u}+\boldsymbol{0}=\boldsymbol{0}+\boldsymbol{u}=\boldsymbol{u}$, (4) $a(b\boldsymbol{u})=(ab)\boldsymbol{u}$

(5) $(a+b)\boldsymbol{u}=a\boldsymbol{u}+b\boldsymbol{u}$, (6) $a(\boldsymbol{u}+\boldsymbol{v})=a\boldsymbol{u}+a\boldsymbol{v}$

(7) $1\boldsymbol{u}=\boldsymbol{u}$, (8) $0\boldsymbol{u}=\boldsymbol{0}$

定義 6.1.1 (部分空間) $\mathbb{R}^n$ の部分集合 $\mathbb{W}$ が次の条件

(1) $\boldsymbol{0}\in\mathbb{W}$

(2) $\boldsymbol{u},\boldsymbol{v}\in\mathbb{W}$ ならば $\boldsymbol{u}+\boldsymbol{v}\in\mathbb{W}$

(3) $\boldsymbol{u}\in\mathbb{W}, c\in\mathbb{R}$ ならば $c\boldsymbol{u}\in\mathbb{W}$

を満たすとき，$\mathbb{W}$ を ($\mathbb{R}^n$ の) **部分空間**と呼ぶ．特に零ベクトルだけからなる部分集合 $\{\boldsymbol{0}\}$ ($\{\boldsymbol{0}\}\neq\emptyset$ であることに注意) は部分空間であり，これを**零ベクトル空間**と呼ぶ．

定義 6.1.2 (ベクトル空間) $\mathbb{R}^n$ あるいはその部分空間を**ベクトル空間**と呼ぶ．ベクトル空間は $\mathbb{V},\mathbb{W}$ 等で表す．

注意 本来，ベクトル空間は上記の (1)～(8) の性質を備えたものとして定義

され，その定義を満たすものをすべてベクトル空間と呼ぶ．しかし，ここでは $\mathbb{R}^n$ あるいはその部分空間以外のベクトル空間は扱わないので，あえて本来の定義を避けた．$\mathbb{R}^n$ を数学的に抽象化したものがベクトル空間であるので，あくまでもイメージは $\mathbb{R}^n$ であり，$\mathbb{R}^n$ あるいはその部分空間と思って本質的に差し支えない．

例題 6.1.3 次の部分集合 $\mathbb{W}$ は $\mathbb{R}^3$ の部分空間となるかどうか判定せよ．

$$(1)\ \mathbb{W} = \left\{ \boldsymbol{x} = \begin{pmatrix} x_1 \\ x_2 \\ x_3 \end{pmatrix} \middle| \begin{array}{r} 2x_1 + 3x_2 - \ \ x_3 = 0 \\ x_1 - 2x_2 + 3x_3 = 0 \end{array} \right\}$$

$$(2)\ \mathbb{W} = \left\{ \boldsymbol{x} = \begin{pmatrix} x_1 \\ x_2 \\ x_3 \end{pmatrix} \middle| \begin{array}{r} 2x_1 + 3x_2 - \ \ x_3 = 1 \\ x_1 - 2x_2 + 3x_3 = 5 \end{array} \right\}$$

注意 上の例題において $\mathbb{W}$ は $\mathbb{R}^3$ の元で条件の連立 1 次方程式を満たすもの全体の集合である．例えば (1) において $x_1 = -2,\ x_2 = 2,\ x_3 = 2$ や $x_1 = 3,\ x_2 = -3,\ x_3 = -3$ は連立 1 次方程式を満たすので

$$\begin{pmatrix} -2 \\ 2 \\ 2 \end{pmatrix}, \quad \begin{pmatrix} -3 \\ 3 \\ 3 \end{pmatrix}$$

はともに $\mathbb{W}$ に属する．また $x_1 = 1,\ x_2 = 1,\ x_3 = 2$ や $x_1 = 0,\ x_2 = 1,\ x_3 = 3$ は連立 1 次方程式を満たさないので

$$\begin{pmatrix} 1 \\ 1 \\ 2 \end{pmatrix}, \quad \begin{pmatrix} 0 \\ 1 \\ 3 \end{pmatrix}$$

はどちらも $\mathbb{W}$ に属さない．

解答 (1) $\mathbb{W}$ は $\mathbb{R}^3$ の部分空間である．以下 $\mathbb{W}$ が定義 6.1.1 の条件 (1),(2),(3) を満たすことを確かめる．

$$2 \times 0 + 3 \times 0 - 0 = 0,\ 0 - 2 \times 0 + 3 \times 0 = 0$$

したがって $\mathbf{0} \in \mathbb{W}$ (条件 (1)).

$$\boldsymbol{a} = \begin{pmatrix} a_1 \\ a_2 \\ a_3 \end{pmatrix}, \quad \boldsymbol{b} = \begin{pmatrix} b_1 \\ b_2 \\ b_3 \end{pmatrix} \in \mathbb{W}, \quad c \in \mathbb{R}$$

とする.

$$\boldsymbol{a} + \boldsymbol{b} = \begin{pmatrix} a_1 + b_1 \\ a_2 + b_2 \\ a_3 + b_3 \end{pmatrix}, \quad c\boldsymbol{a} = \begin{pmatrix} ca_1 \\ ca_2 \\ ca_3 \end{pmatrix}$$

が条件の連立 1 次方程式を満たすことを確かめる.

$$2(a_1+b_1) + 3(a_2+b_2) - (a_3+b_3) = (2a_1+3a_2-a_3) + (2b_1+3b_2-b_3) = 0$$
$$(a_1+b_1) - 2(a_2+b_2) + 3(a_3+b_3) = (a_1-2a_2+3a_3) + (b_1-2b_2+3b_3) = 0$$

したがって $\boldsymbol{a} + \boldsymbol{b} \in \mathbb{W}$ (条件 (2)).

$$2(ca_1) + 3(ca_2) - (ca_3) = c(2a_1 + 3a_2 - a_3) = 0$$
$$(ca_1) - 2(ca_2) + 3(ca_3) = c(a_1 - 2a_2 + 3a_3) = 0$$

したがって $c\boldsymbol{a} \in \mathbb{W}$ (条件 (3)).

(2) $x_1 = x_2 = x_3 = 0$ は条件の連立 1 次方程式の解ではないので，$\mathbb{W}$ は零ベクトル $\mathbf{0}$ を含まない．したがって，$\mathbb{W}$ は部分空間ではない． □

例題 6.1.3 (1) の $\mathbb{W}$ は $\mathbb{R}^3$ の部分空間であったが，一般に次が成立する.

命題 6.1.4 $m \times n$ 行列 A に対し，$\mathbb{R}^n$ の部分集合

$$\mathbb{W} = \{\boldsymbol{x} \in \mathbb{R}^n \mid A\boldsymbol{x} = \mathbf{0}\}$$

は，$\mathbb{R}^n$ の部分空間になる.

上の命題において，$\mathbb{W}$ を連立 1 次方程式 $A\boldsymbol{x} = \mathbf{0}$ の**解空間**と呼ぶ.

証明 $\mathbb{W}$ が条件 (1),(2),(3) を満たすことを確かめればよい.

(1) $A\mathbf{0}=\mathbf{0}$ なので，$\mathbf{0}\in\mathbb{W}$ である．
$\boldsymbol{a},\boldsymbol{b}\in\mathbb{W}$，$c\in\mathbb{R}$ とする．

(2) $A\boldsymbol{a}=\mathbf{0}, A\boldsymbol{b}=\mathbf{0}$ なので，$A(\boldsymbol{a}+\boldsymbol{b})=A\boldsymbol{a}+A\boldsymbol{b}=\mathbf{0}+\mathbf{0}=\mathbf{0}$. したがって，$\boldsymbol{a}+\boldsymbol{b}\in\mathbb{W}$.

(3) $A(c\boldsymbol{a})=c(A\boldsymbol{a})=c\mathbf{0}=\mathbf{0}$. したがって，$c\boldsymbol{a}\in\mathbb{W}$. □

6.2　1次独立と1次従属

定義 6.2.1 (**1次結合，1次関係式**)　ベクトル空間 $\mathbb{V}$ ($\mathbb{R}^n$ あるいはその部分空間) のベクトル $\boldsymbol{a}_1,\boldsymbol{a}_2,\cdots,\boldsymbol{a}_m$ に対し，ベクトル

$$c_1\boldsymbol{a}_1+c_2\boldsymbol{a}_2+\cdots+c_m\boldsymbol{a}_m \qquad (c_1,c_2,\cdots,c_m\in\mathbb{R})$$

を $\boldsymbol{a}_1,\boldsymbol{a}_2,\cdots,\boldsymbol{a}_m$ の**1次結合**と呼ぶ．($\mathbb{V}$ はベクトル空間なので，$c_1\boldsymbol{a}_1+c_2\boldsymbol{a}_2+\cdots+c_m\boldsymbol{a}_m$ も $\mathbb{V}$ のベクトルになる．) 特に

$$\boldsymbol{b}=c_1\boldsymbol{a}_1+c_2\boldsymbol{a}_2+\cdots+c_m\boldsymbol{a}_m$$

のとき，$\boldsymbol{b}$ は $\boldsymbol{a}_1,\boldsymbol{a}_2,\cdots,\boldsymbol{a}_m$ の**1次結合で表せる**という．また

$$c_1\boldsymbol{a}_1+c_2\boldsymbol{a}_2+\cdots+c_m\boldsymbol{a}_m=\mathbf{0}$$

のとき，この式を**1次関係式**と呼ぶ．

定義 6.2.2 (**1次独立，1次従属**)　ベクトル $\boldsymbol{a}_1,\boldsymbol{a}_2,\cdots,\boldsymbol{a}_m$ に対し，方程式

$$x_1\boldsymbol{a}_1+x_2\boldsymbol{a}_2+\cdots+x_m\boldsymbol{a}_m=\mathbf{0} \qquad (x_1,x_2,\cdots,x_m\in\mathbb{R})$$

の解が，自明な解 $x_1=x_2=\cdots=x_m=0$ に限るとき $\boldsymbol{a}_1,\boldsymbol{a}_2,\cdots,\boldsymbol{a}_m$ は**1次独立**であるという．定義から1個のベクトル $\boldsymbol{a}\,(\neq\mathbf{0})\in\mathbb{V}$ は1次独立であることがわかる．$\boldsymbol{a}_1,\boldsymbol{a}_2,\cdots,\boldsymbol{a}_m$ が1次独立でないとき，それらは**1次従属**であるという．

例 6.2.3　$\mathbb{R}^n$ のベクトル

$$e_1 = \begin{pmatrix} 1 \\ 0 \\ \vdots \\ 0 \end{pmatrix}, \quad e_2 = \begin{pmatrix} 0 \\ 1 \\ \vdots \\ 0 \end{pmatrix}, \cdots, \quad e_n = \begin{pmatrix} 0 \\ 0 \\ \vdots \\ 1 \end{pmatrix}$$

を $\mathbb{R}^n$ の**基本ベクトル**と呼ぶが，これらは 1 次独立である．

実際 $x_1 e_1 + x_2 e_2 + \cdots + x_n e_n = \mathbf{0}$ とすると，

$$\begin{pmatrix} x_1 \\ 0 \\ \vdots \\ 0 \end{pmatrix} + \begin{pmatrix} 0 \\ x_2 \\ \vdots \\ 0 \end{pmatrix} + \cdots + \begin{pmatrix} 0 \\ 0 \\ \vdots \\ x_n \end{pmatrix} = \begin{pmatrix} x_1 \\ x_2 \\ \vdots \\ x_n \end{pmatrix} = \begin{pmatrix} 0 \\ 0 \\ \vdots \\ 0 \end{pmatrix}$$

したがって解は $x_1 = x_2 = \cdots = x_n = 0$ のみとなり，1 次独立であることがわかる．

例題 6.2.4　次の $\mathbb{R}^4$ のベクトルが 1 次独立か否かを調べよ．

$$a_1 = \begin{pmatrix} 2 \\ 1 \\ -3 \\ 1 \end{pmatrix}, \quad a_2 = \begin{pmatrix} 1 \\ 0 \\ 1 \\ 0 \end{pmatrix}, \quad a_3 = \begin{pmatrix} 3 \\ 1 \\ 2 \\ 2 \end{pmatrix}$$

解答　実数 x_1, x_2, x_3 に対し，以下

$$x_1 a_1 + x_2 a_2 + x_3 a_3 = \mathbf{0} \Leftrightarrow (a_1 \ a_2 \ a_3) \begin{pmatrix} x_1 \\ x_2 \\ x_3 \end{pmatrix} = \begin{pmatrix} 0 \\ 0 \\ 0 \\ 0 \end{pmatrix}$$

$$
\Leftrightarrow \begin{pmatrix} 2 & 1 & 3 \\ 1 & 0 & 1 \\ -3 & 1 & 2 \\ 1 & 0 & 2 \end{pmatrix} \begin{pmatrix} x_1 \\ x_2 \\ x_3 \end{pmatrix} = \begin{pmatrix} 0 \\ 0 \\ 0 \\ 0 \end{pmatrix}
$$

が成立する．右側の連立１次方程式の解を求めると，自明な解のみに限ることがわかるので，$\boldsymbol{a}_1, \boldsymbol{a}_2, \boldsymbol{a}_3$ は１次独立である． □

上の例題から次のような一般的な解釈が導き出せる．

$\mathbb{R}^n$ のベクトル $\boldsymbol{a}_1, \boldsymbol{a}_2, \cdots, \boldsymbol{a}_m$，実数 $x_1, x_2, \cdots, x_m$ に対し，$n \times m$ 行列 A および $\mathbb{R}^m$ のベクトル $\boldsymbol{x}$ を

$$
A = (\boldsymbol{a}_1 \ \boldsymbol{a}_2 \ \cdots \ \boldsymbol{a}_m), \qquad \boldsymbol{x} = \begin{pmatrix} x_1 \\ x_2 \\ \vdots \\ x_m \end{pmatrix}
$$

で定めると，

$$
x_1\boldsymbol{a}_1 + x_2\boldsymbol{a}_2 + \cdots + x_m\boldsymbol{a}_m = (\boldsymbol{a}_1 \ \boldsymbol{a}_2 \ \cdots \ \boldsymbol{a}_m) \begin{pmatrix} x_1 \\ x_2 \\ \vdots \\ x_m \end{pmatrix} = A\boldsymbol{x}
$$

したがって，ベクトル $\boldsymbol{a}_1, \boldsymbol{a}_2, \cdots, \boldsymbol{a}_m$ が１次独立であるとは，連立１次方程式 $A\boldsymbol{x} = \boldsymbol{0}$ が，唯一の解 $\boldsymbol{x} = \boldsymbol{0}$ をもつことであるといえる．

命題 6.2.5 $\boldsymbol{u}_1, \boldsymbol{u}_2, \cdots, \boldsymbol{u}_n$ が１次独立で，ベクトル $\boldsymbol{u}$ がそれらの１次結合 $c_1\boldsymbol{u}_1 + c_2\boldsymbol{u}_2 + \cdots + c_n\boldsymbol{u}_n$ で表せるならば，その係数 $c_1, c_2, \cdots, c_n$ はただ１通りに決まる．

証明 $\boldsymbol{u}$ が以下の２通りの表し方

$$
\boldsymbol{u} = c_1\boldsymbol{u}_1 + c_2\boldsymbol{u}_2 + \cdots + c_n\boldsymbol{u}_n, \qquad \boldsymbol{u} = c_1'\boldsymbol{u}_1 + c_2'\boldsymbol{u}_2 + \cdots + c_n'\boldsymbol{u}_n
$$

で表せるとすると，等式

$$(c_1 - c_1')\boldsymbol{u}_1 + (c_2 - c_2')\boldsymbol{u}_2 + \cdots + (c_n - c_n')\boldsymbol{u}_n = \boldsymbol{0}$$

を得る．ここで，$\boldsymbol{u}_1, \boldsymbol{u}_2, \cdots, \boldsymbol{u}_n$ が 1 次独立なので，$c_1 - c_1' = c_2 - c_2' = \cdots = c_n - c_n' = 0$ である．したがって $c_1 = c_1', c_2 = c_2', \cdots, c_n = c_n'$ が得られる．□

命題 6.2.6　ベクトル $\boldsymbol{u}_1, \boldsymbol{u}_2, \cdots, \boldsymbol{u}_n$ が 1 次独立で，$\boldsymbol{u}, \boldsymbol{u}_1, \boldsymbol{u}_2, \cdots, \boldsymbol{u}_n$ が 1 次従属ならば，$\boldsymbol{u}$ は $\boldsymbol{u}_1, \boldsymbol{u}_2, \cdots, \boldsymbol{u}_n$ の 1 次結合で表せる．

証明　$\boldsymbol{u}, \boldsymbol{u}_1, \boldsymbol{u}_2, \cdots, \boldsymbol{u}_n$ が 1 次従属なので，方程式

$$x\boldsymbol{u} + x_1\boldsymbol{u}_1 + x_2\boldsymbol{u}_2 + \cdots + x_n\boldsymbol{u}_n = \boldsymbol{0}$$

は非自明な解 $x = c,\ x_1 = c_1,\ x_2 = c_2, \cdots,\ x_n = c_n$ をもつ．つまり

$$c\boldsymbol{u} + c_1\boldsymbol{u}_1 + c_2\boldsymbol{u}_2 + \cdots + c_n\boldsymbol{u}_n = \boldsymbol{0}$$

と書ける．さらに $\boldsymbol{u}_1, \boldsymbol{u}_2, \cdots, \boldsymbol{u}_n$ が 1 次独立なので $c \neq 0$ であることがわかる (練習問題 6.7)．したがって，$\boldsymbol{u}$ は

$$\boldsymbol{u} = -(c_1/c)\boldsymbol{u}_1 - (c_2/c)\boldsymbol{u}_2 - \cdots - (c_n/c)\boldsymbol{u}_n$$

と表せる．□

命題 6.2.7　ベクトル $\boldsymbol{u}_1, \boldsymbol{u}_2, \cdots, \boldsymbol{u}_n$ が 1 次従属であるための必要十分条件は $\boldsymbol{u}_1, \boldsymbol{u}_2, \cdots, \boldsymbol{u}_n$ のうち少なくとも 1 個のベクトルが残りのベクトルの 1 次結合で表せることである．□

証明　$\boldsymbol{u}_1, \boldsymbol{u}_2, \cdots, \boldsymbol{u}_n$ が 1 次従属であるとすると，ある実数 $c_1, c_2, \cdots, c_n$ で

$$c_1\boldsymbol{u}_1 + c_2\boldsymbol{u}_2 + \cdots + c_n\boldsymbol{u}_n = \boldsymbol{0}$$
$$(c_1, c_2, \cdots, c_n) \neq (0, 0, \cdots, 0)$$

となるものが存在する．そこで，$c_1, c_2, \cdots, c_n$ のうち 0 でないものを c_k とす

ると，$\boldsymbol{u}_k$ は

$$\boldsymbol{u}_k = -(c_1/c_k)\boldsymbol{u}_1 - \cdots - (c_{k-1}/c_k)\boldsymbol{u}_{k-1} - (c_{k+1}/c_k)\boldsymbol{u}_{k+1} - \cdots - (c_n/c_k)\boldsymbol{u}_n$$

と表せる．

逆に $\boldsymbol{u}_1, \boldsymbol{u}_2, \cdots, \boldsymbol{u}_n$ のうち少なくとも 1 個，例えば $\boldsymbol{u}_1$ が残りのベクトルの 1 次結合で

$$\boldsymbol{u}_1 = c_2\boldsymbol{u}_2 + c_3\boldsymbol{u}_3 + \cdots + c_n\boldsymbol{u}_n$$

と表せるとすると，1 次関係式

$$\boldsymbol{u}_1 - c_2\boldsymbol{u}_2 - c_3\boldsymbol{u}_3 - \cdots - c_n\boldsymbol{u}_n = \boldsymbol{0}$$

が成立する．これは $\boldsymbol{u}_1, \boldsymbol{u}_2, \cdots, \boldsymbol{u}_n$ が 1 次従属であることにほかならない． □

命題 6.2.8 2 つのベクトルの組 $\boldsymbol{v}_1, \boldsymbol{v}_2, \cdots, \boldsymbol{v}_l$ と $\boldsymbol{u}_1, \boldsymbol{u}_2, \cdots, \boldsymbol{u}_m$ $(l > m)$ に対し，$\boldsymbol{v}_1, \boldsymbol{v}_2, \cdots, \boldsymbol{v}_l$ の各ベクトルは $\boldsymbol{u}_1, \boldsymbol{u}_2, \cdots, \boldsymbol{u}_m$ の 1 次結合で表せるならば，$\boldsymbol{v}_1, \boldsymbol{v}_2, \cdots, \boldsymbol{v}_l$ は 1 次従属である．

証明 仮定より，ある実数 $a_{11}, \cdots, a_{1l}, a_{21}, \cdots, a_{2l}, \cdots, a_{m1}, \cdots, a_{ml}$ が存在して，

$$\begin{aligned}
\boldsymbol{v}_1 &= a_{11}\boldsymbol{u}_1 + a_{21}\boldsymbol{u}_2 + \cdots + a_{m1}\boldsymbol{u}_m \\
\boldsymbol{v}_2 &= a_{12}\boldsymbol{u}_1 + a_{22}\boldsymbol{u}_2 + \cdots + a_{m2}\boldsymbol{u}_m \\
&\vdots \\
\boldsymbol{v}_l &= a_{1l}\boldsymbol{u}_1 + a_{21}\boldsymbol{u}_2 + \cdots + a_{ml}\boldsymbol{u}_m
\end{aligned}$$

と表せる．つまり

$$(\boldsymbol{v}_1\ \boldsymbol{v}_2\ \cdots\ \boldsymbol{v}_l) = (\boldsymbol{u}_1\ \boldsymbol{u}_2\ \cdots\ \boldsymbol{u}_m)\begin{pmatrix} a_{11} & a_{12} & \cdots & a_{1l} \\ a_{21} & a_{22} & \cdots & a_{2l} \\ \vdots & \vdots & & \vdots \\ a_{m1} & a_{m2} & \cdots & a_{ml} \end{pmatrix}$$

ここで

$$\operatorname{rank}\begin{pmatrix} a_{11} & a_{12} & \cdots & a_{1l} \\ a_{21} & a_{22} & \cdots & a_{2l} \\ \vdots & \vdots & & \vdots \\ a_{m1} & a_{m2} & \cdots & a_{ml} \end{pmatrix} \leq m < l$$

なので定理 3.4.3 (2) より，連立1次方程式

$$\begin{pmatrix} a_{11} & a_{12} & \cdots & a_{1l} \\ a_{21} & a_{22} & \cdots & a_{2l} \\ \vdots & \vdots & & \vdots \\ a_{m1} & a_{m2} & \cdots & a_{ml} \end{pmatrix}\begin{pmatrix} x_1 \\ x_2 \\ \vdots \\ x_l \end{pmatrix} = \begin{pmatrix} 0 \\ 0 \\ \vdots \\ 0 \end{pmatrix}$$

は自明でない解 $x_1 = c_1,\ x_2 = c_2, \cdots,\ x_l = c_l$ をもつ．したがって

$$\begin{aligned} & c_1\boldsymbol{v}_1 + c_2\boldsymbol{v}_2 + \cdots + c_l\boldsymbol{v}_l \\ &= (\boldsymbol{v}_1\ \boldsymbol{v}_2\ \cdots\ \boldsymbol{v}_l)\begin{pmatrix} c_1 \\ c_2 \\ \vdots \\ c_l \end{pmatrix} \\ &= (\boldsymbol{u}_1\ \boldsymbol{u}_2\ \cdots\ \boldsymbol{u}_m)\begin{pmatrix} a_{11} & a_{12} & \cdots & a_{1l} \\ a_{21} & a_{22} & \cdots & a_{2l} \\ \vdots & \vdots & & \vdots \\ a_{m1} & a_{m2} & \cdots & a_{ml} \end{pmatrix}\begin{pmatrix} c_1 \\ c_2 \\ \vdots \\ c_l \end{pmatrix} = \boldsymbol{0} \end{aligned}$$

となり，$\boldsymbol{v}_1, \boldsymbol{v}_2, \cdots, \boldsymbol{v}_l$ が1次従属であることがわかる． □

系 6.2.9 $\mathbb{R}^n$ の m 個 $(m > n)$ のベクトル $\boldsymbol{u}_1, \boldsymbol{u}_2, \cdots, \boldsymbol{u}_m$ は1次従属である．

証明 $\boldsymbol{u}_1, \cdots, \boldsymbol{u}_m$ の各ベクトルは，基本ベクトル $\boldsymbol{e}_1, \boldsymbol{e}_2, \cdots, \boldsymbol{e}_n$ の1次結合で表せるので，命題から $\boldsymbol{u}_1, \cdots, \boldsymbol{u}_m$ は1次従属となる． □

例題 6.2.10 1 次独立なベクトル $\boldsymbol{u}_1, \boldsymbol{u}_2, \boldsymbol{u}_3, \boldsymbol{u}_4$ とその 1 次結合で書かれたベクトル

$$\boldsymbol{v}_1 = \boldsymbol{u}_1 - \boldsymbol{u}_2 + \boldsymbol{u}_3, \quad \boldsymbol{v}_2 = 2\boldsymbol{u}_1 - \boldsymbol{u}_2 + 6\boldsymbol{u}_3 + \boldsymbol{u}_4$$

$$\boldsymbol{v}_3 = 2\boldsymbol{u}_1 - 2\boldsymbol{u}_2 + \boldsymbol{u}_3 - \boldsymbol{u}_4, \quad \boldsymbol{v}_4 = \boldsymbol{u}_1 - \boldsymbol{u}_3 + 3\boldsymbol{u}_4$$

について，$\boldsymbol{v}_1, \boldsymbol{v}_2, \boldsymbol{v}_3, \boldsymbol{v}_4$ が 1 次独立か否かを判定せよ．

解答 方程式 $x_1\boldsymbol{v}_1 + x_2\boldsymbol{v}_2 + x_3\boldsymbol{v}_3 + x_4\boldsymbol{v}_4 = \boldsymbol{0}$ の解を調べる．$\boldsymbol{v}_1, \boldsymbol{v}_2, \boldsymbol{v}_3, \boldsymbol{v}_4$ は $\boldsymbol{u}_1, \boldsymbol{u}_2, \boldsymbol{u}_3, \boldsymbol{u}_4$ の 1 次結合で書けているので，

$$\begin{aligned}\boldsymbol{0} &= x_1\boldsymbol{v}_1 + x_2\boldsymbol{v}_2 + x_3\boldsymbol{v}_3 + x_4\boldsymbol{v}_4 \\ &= (\boldsymbol{v}_1\ \boldsymbol{v}_2\ \boldsymbol{v}_3\ \boldsymbol{v}_4)\begin{pmatrix} x_1 \\ x_2 \\ x_3 \\ x_4 \end{pmatrix} \\ &= (\boldsymbol{u}_1\ \boldsymbol{u}_2\ \boldsymbol{u}_3\ \boldsymbol{u}_4)\begin{pmatrix} 1 & 2 & 2 & 1 \\ -1 & -1 & -2 & 0 \\ 3 & 6 & 1 & -1 \\ 0 & 1 & -1 & 3 \end{pmatrix}\begin{pmatrix} x_1 \\ x_2 \\ x_3 \\ x_4 \end{pmatrix}\end{aligned}$$

となる．ここで $\boldsymbol{u}_1, \boldsymbol{u}_2, \boldsymbol{u}_3, \boldsymbol{u}_4$ は 1 次独立なので，

$$\begin{pmatrix} 1 & 2 & 2 & 1 \\ -1 & -1 & -2 & 0 \\ 3 & 6 & 1 & -1 \\ 0 & 1 & -1 & 3 \end{pmatrix}\begin{pmatrix} x_1 \\ x_2 \\ x_3 \\ x_4 \end{pmatrix} = \begin{pmatrix} 0 \\ 0 \\ 0 \\ 0 \end{pmatrix}$$

である．この連立 1 次方程式は自明な解しかもたない．したがって，$\boldsymbol{v}_1, \boldsymbol{v}_2, \boldsymbol{v}_3, \boldsymbol{v}_4$ は 1 次独立である．(もしこの連立 1 次方程式が非自明な解をもてば，$\boldsymbol{v}_1, \boldsymbol{v}_2, \boldsymbol{v}_3, \boldsymbol{v}_4$ は 1 次従属である.) □

6.3　ベクトルの最大独立個数

定義 6.3.1 (最大独立個数)　ベクトルの集合 S の中に r 個の 1 次独立なベクトルがあり，$r+1$ 個の 1 次独立なベクトルが存在しない場合，r を S の**最大独立個数**と呼び，$\mathrm{r}(S)$ で表す．

命題 6.3.2　以下の (1), (2) は同値である．

(1) ベクトルの集合 S の最大独立個数が r である．

(2) ベクトルの集合 S の中に r 個の 1 次独立なベクトルがあり，ほかのベクトルはこれら r 個のベクトルの 1 次結合で表せる．

証明　(1) $\Rightarrow$ (2)　1 次独立なベクトルが r 個あるので，それらを $\boldsymbol{v}_1, \boldsymbol{v}_2, \cdots, \boldsymbol{v}_r$ とおく．$\boldsymbol{v} \in S$ を $\boldsymbol{v}_1, \boldsymbol{v}_2, \cdots, \boldsymbol{v}_r$ 以外のベクトルだとすると，定義より，$\boldsymbol{v}, \boldsymbol{v}_1, \boldsymbol{v}_2, \cdots, \boldsymbol{v}_r$ は 1 次従属．したがって，命題 6.2.6 より，$\boldsymbol{v}$ は $\boldsymbol{v}_1, \boldsymbol{v}_2, \cdots, \boldsymbol{v}_r$ の 1 次結合で表せる．

(2) $\Rightarrow$ (1)　r より大きい数 s に対して，s 個のベクトル $\boldsymbol{u}_1, \boldsymbol{u}_2, \cdots, \boldsymbol{u}_s$ を S の中からとってくる．このとき，仮定より $\boldsymbol{u}_1, \boldsymbol{u}_2, \cdots, \boldsymbol{u}_s$ の各ベクトルは r 個の 1 次独立ベクトルな $\boldsymbol{v}_1, \boldsymbol{v}_2, \cdots, \boldsymbol{v}_r$ の 1 次結合で表せる．命題 6.2.8 より $\boldsymbol{u}_1, \boldsymbol{u}_2, \cdots, \boldsymbol{u}_s$ は 1 次従属となる．よって，$(r+1)$ 個以上の 1 次独立なベクトルは存在しない．　□

例題 6.3.3　次のベクトルの最大独立個数 r と r 個の 1 次独立なベクトルを 1 組求め，他のベクトルをこれらの 1 次結合で表せ．

$$\boldsymbol{a}_1 = \begin{pmatrix} 1 \\ 1 \\ 3 \\ 0 \end{pmatrix},\ \boldsymbol{a}_2 = \begin{pmatrix} 1 \\ 2 \\ 0 \\ -1 \end{pmatrix},\ \boldsymbol{a}_3 = \begin{pmatrix} 1 \\ 3 \\ -3 \\ -2 \end{pmatrix},\ \boldsymbol{a}_4 = \begin{pmatrix} -2 \\ -4 \\ 1 \\ -1 \end{pmatrix},\ \boldsymbol{a}_5 = \begin{pmatrix} -1 \\ -4 \\ 7 \\ 0 \end{pmatrix}$$

解答　$A = (\boldsymbol{a}_1\ \boldsymbol{a}_2\ \boldsymbol{a}_3\ \boldsymbol{a}_4\ \boldsymbol{a}_5)$ とおき，その簡約行列を $B = (\boldsymbol{b}_1\ \boldsymbol{b}_2\ \boldsymbol{b}_3\ \boldsymbol{b}_4\ \boldsymbol{b}_5)$

とする．未知数 x_1, x_2, x_3, x_4, x_5 に対して，以下

$$A\begin{pmatrix} x_1 \\ x_2 \\ x_3 \\ x_4 \\ x_5 \end{pmatrix} = \mathbf{0} \iff B\begin{pmatrix} x_1 \\ x_2 \\ x_3 \\ x_4 \\ x_5 \end{pmatrix} = \mathbf{0}$$

が成立する．つまり

$$\begin{aligned} & x_1\boldsymbol{a}_1 + x_2\boldsymbol{a}_2 + x_3\boldsymbol{a}_3 + x_4\boldsymbol{a}_4 + x_5\boldsymbol{a}_5 = \mathbf{0} \\ & \quad \iff x_1\boldsymbol{b}_1 + x_2\boldsymbol{b}_2 + x_3\boldsymbol{b}_3 + x_4\boldsymbol{b}_4 + x_5\boldsymbol{b}_5 = \mathbf{0} \end{aligned}$$

が成立する．ここで，

$$B = (\boldsymbol{b}_1\ \boldsymbol{b}_2\ \boldsymbol{b}_3\ \boldsymbol{b}_4\ \boldsymbol{b}_5) = \begin{pmatrix} 1 & 0 & -1 & 0 & 2 \\ 0 & 1 & 2 & 0 & -1 \\ 0 & 0 & 0 & 1 & 1 \\ 0 & 0 & 0 & 0 & 0 \end{pmatrix}$$

なので，$\boldsymbol{b}_1, \boldsymbol{b}_2, \cdots, \boldsymbol{b}_5$ の成分を比較すると，$\boldsymbol{b}_1, \boldsymbol{b}_2, \boldsymbol{b}_4$ は 1 次独立で，$\boldsymbol{b}_3 = -\boldsymbol{b}_1 + 2\boldsymbol{b}_2$, $\boldsymbol{b}_5 = 2\boldsymbol{b}_1 - \boldsymbol{b}_2 + \boldsymbol{b}_4$ と書ける．まず $\boldsymbol{a}_1, \boldsymbol{a}_2, \boldsymbol{a}_4$ も 1 次独立であることを示す．ここで，$\boldsymbol{a}_1, \boldsymbol{a}_2, \boldsymbol{a}_4$ が 1 次関係式

$$c_1\boldsymbol{a}_1 + c_2\boldsymbol{a}_2 + c_4\boldsymbol{a}_4 = c_1\boldsymbol{a}_1 + c_2\boldsymbol{a}_2 + 0\boldsymbol{a}_3 + c_4\boldsymbol{a}_4 + 0\boldsymbol{a}_5 = \mathbf{0}$$

を満たすとすると，$\boldsymbol{b}_1, \boldsymbol{b}_2, \boldsymbol{b}_4$ も

$$c_1\boldsymbol{b}_1 + c_2\boldsymbol{b}_2 + c_4\boldsymbol{b}_4 = c_1\boldsymbol{b}_1 + c_2\boldsymbol{b}_2 + 0\boldsymbol{b}_3 + c_4\boldsymbol{b}_4 + 0\boldsymbol{b}_5 = \mathbf{0}$$

を満たす．$\boldsymbol{b}_1, \boldsymbol{b}_2, \boldsymbol{b}_4$ は 1 次独立なので，$c_1 = c_2 = c_4 = 0$ となる．次に $\boldsymbol{a}_3 = -\boldsymbol{a}_1 + 2\boldsymbol{a}_2$, $\boldsymbol{a}_5 = 2\boldsymbol{a}_1 - \boldsymbol{a}_2 + \boldsymbol{a}_4$ であることを示す．$\boldsymbol{b}_3 = -\boldsymbol{b}_1 + 2\boldsymbol{b}_2$, $\boldsymbol{b}_5 = 2\boldsymbol{b}_1 - \boldsymbol{b}_2 + \boldsymbol{b}_4$ から 1 次関係式

$$\begin{aligned} -\boldsymbol{b}_1 + 2\boldsymbol{b}_2 - \boldsymbol{b}_3 + 0\boldsymbol{b}_4 + 0\boldsymbol{b}_5 &= \mathbf{0} \\ 2\boldsymbol{b}_1 - \boldsymbol{b}_2 + 0\boldsymbol{b}_3 + \boldsymbol{b}_4 - \boldsymbol{b}_5 &= \mathbf{0} \end{aligned}$$

が得られるので，

$$\begin{aligned} -\boldsymbol{a}_1 + 2\boldsymbol{a}_2 - \ \boldsymbol{a}_3 + 0\boldsymbol{a}_4 + 0\boldsymbol{a}_5 &= \boldsymbol{0} \\ 2\boldsymbol{a}_1 - \ \boldsymbol{a}_2 + 0\boldsymbol{a}_3 + \ \boldsymbol{b}_4 - \ \boldsymbol{b}_5 &= \boldsymbol{0} \end{aligned}$$

が成立する．$\boldsymbol{a}_1, \boldsymbol{a}_2, \boldsymbol{a}_4$ が 1 次独立で，$\boldsymbol{a}_3, \boldsymbol{a}_5$ は $\boldsymbol{a}_1, \boldsymbol{a}_2, \boldsymbol{a}_4$ の 1 次結合で表せるので，命題 6.3.2 より $r = 3$ を得る． □

上の例題から推測できるように，行列 $A = (\boldsymbol{a}_1\ \boldsymbol{a}_2\ \cdots\ \boldsymbol{a}_n)$ を基本変形して行列 $B = (\boldsymbol{b}_1\ \boldsymbol{b}_2\ \cdots\ \boldsymbol{b}_n)$ が得られたとき，任意の実数 $c_1, c_2, \cdots, c_n$ に対して次が成立する．

$$c_1\boldsymbol{a}_1 + c_2\boldsymbol{a}_2 + \cdots + c_n\boldsymbol{a}_n = \boldsymbol{0} \iff c_1\boldsymbol{b}_1 + c_2\boldsymbol{b}_2 + \cdots + c_n\boldsymbol{b}_n = \boldsymbol{0}$$

このとき，$\boldsymbol{a}_1, \boldsymbol{a}_2, \cdots, \boldsymbol{a}_n$ と $\boldsymbol{b}_1, \boldsymbol{b}_2, \cdots, \boldsymbol{b}_n$ は**同じ 1 次関係式を満たす**という．特に $\{1, 2, \cdots, n\}$ の任意の部分集合 $\{l_1, l_2, \cdots, l_m\}$ に対し，次の (1), (2) を満たす．

(1) $\boldsymbol{a}_{l1}, \boldsymbol{a}_{l2}, \cdots, \boldsymbol{a}_{lm}$ が 1 次独立であるための必要十分条件は，$\boldsymbol{b}_{l1}, \boldsymbol{b}_{l2}, \cdots, \boldsymbol{b}_{lm}$ が 1 次独立であることである．

(2) $\boldsymbol{a}_{l1}, \boldsymbol{a}_{l2}, \cdots, \boldsymbol{a}_{lm}$ と $\boldsymbol{b}_{l1}, \boldsymbol{b}_{l2}, \cdots, \boldsymbol{b}_{lm}$ は同じ 1 次関係式を満たす．

したがって，次の命題が得られる．

命題 6.3.4 行列 $A = (\boldsymbol{a}_1\ \boldsymbol{a}_2\ \cdots\ \boldsymbol{a}_n)$ を基本変形して行列 $B = (\boldsymbol{b}_1\ \boldsymbol{b}_2\ \cdots\ \boldsymbol{b}_n)$ が得られるとき，次が成立する．

$$\mathrm{r}(\{\boldsymbol{a}_1, \boldsymbol{a}_2, \cdots, \boldsymbol{a}_n\}) = \mathrm{r}(\{\boldsymbol{b}_1, \boldsymbol{b}_2, \cdots, \boldsymbol{b}_n\})$$

第 3 章では行列の簡約行列の存在のみを確かめて，その一意性までは示さなかった．ここではその一意性の証明を与える．すなわち，以下の定理を示す．

定理 6.3.5 行列の簡約化はただ 1 通りに決まる．

証明 ある行列に対し，異なる簡約行列

$$(\boldsymbol{b}_1\ \boldsymbol{b}_2\ \cdots\ \boldsymbol{b}_n), \quad (\boldsymbol{b}'_1\ \boldsymbol{b}'_2\ \cdots\ \boldsymbol{b}'_n)$$

が得られたとする．$\boldsymbol{b}_i \neq \boldsymbol{b}'_i$ となるものの中で，最小の i を k とおく．

$\mathrm{r}(\{\boldsymbol{b}_1, \boldsymbol{b}_2, \cdots, \boldsymbol{b}_{k-1}\}) = \mathrm{r}(\{\boldsymbol{b}_1, \boldsymbol{b}_2, \cdots, \boldsymbol{b}_{k-1}, \boldsymbol{b}_k\})$ とすると $\boldsymbol{b}_k = c_1\boldsymbol{b}_1 + c_2\boldsymbol{b}_2 + \cdots + c_{k-1}\boldsymbol{b}_{k-1}$ と表せる．任意の $m(\leq n)$ に対し，行列 $(\boldsymbol{b}_1\ \boldsymbol{b}_2\ \cdots\ \boldsymbol{b}_m)$ は行列 $(\boldsymbol{b}'_1\ \boldsymbol{b}'_2\ \cdots\ \boldsymbol{b}'_m)$ を基本変形して得られるので，$\boldsymbol{b}_1, \boldsymbol{b}_2, \cdots, \boldsymbol{b}_m$ と $\boldsymbol{b}'_1, \boldsymbol{b}'_2, \cdots, \boldsymbol{b}'_m$ は同じ 1 次関係式を満たす．つまり

$$\boldsymbol{b}'_k = c_1\boldsymbol{b}'_1 + c_2\boldsymbol{b}'_2 + \cdots + c_{k-1}\boldsymbol{b}'_{k-1}$$

と表せる．ところが $\boldsymbol{b}_1 = \boldsymbol{b}'_1, \boldsymbol{b}_2 = \boldsymbol{b}'_2, \cdots, \boldsymbol{b}_{k-1} = \boldsymbol{b}'_{k-1}$ なので，$\boldsymbol{b}_k = \boldsymbol{b}'_k$ となり k の選び方に矛盾．したがって

$$\mathrm{r}(\{\boldsymbol{b}_1, \boldsymbol{b}_2, \cdots, \boldsymbol{b}_{k-1}\}) \neq \mathrm{r}(\{\boldsymbol{b}_1, \boldsymbol{b}_2, \cdots, \boldsymbol{b}_{k-1}, \boldsymbol{b}_k\})$$

を得る．行列 $(\boldsymbol{b}_1\ \boldsymbol{b}_2\ \cdots\ \boldsymbol{b}_{k-1}\ \boldsymbol{b}_k)$ も簡約行列なので，この式は $\boldsymbol{b}_k$ が主成分を含むことを意味する．つまり $\mathrm{r}(\{\boldsymbol{b}_1, \boldsymbol{b}_2, \cdots, \boldsymbol{b}_{k-1}, \boldsymbol{b}_k\}) = r$ とすると，$\boldsymbol{b}_k = \boldsymbol{e}_r$ が成立する．仮定より

$$\mathrm{r}(\{\boldsymbol{b}_1, \boldsymbol{b}_2, \cdots, \boldsymbol{b}_{k-1}\}) = \mathrm{r}(\{\boldsymbol{b}'_1, \boldsymbol{b}'_2, \cdots, \boldsymbol{b}'_{k-1}\})$$

命題 6.3.4 より

$$\mathrm{r}(\{\boldsymbol{b}_1, \boldsymbol{b}_2, \cdots, \boldsymbol{b}_{k-1}, \boldsymbol{b}_k\}) = \mathrm{r}(\{\boldsymbol{b}'_1, \boldsymbol{b}'_2, \cdots, \boldsymbol{b}'_{k-1}, \boldsymbol{b}'_k\})$$

なので，同様に $\boldsymbol{b}'_k = \boldsymbol{e}_r$ を得るが，$\boldsymbol{b}_k = \boldsymbol{b}'_k$ となり矛盾． □

命題 6.3.6 行列 $A = (\boldsymbol{a}_1\ \boldsymbol{a}_2\ \cdots\ \boldsymbol{a}_n)$ に対し，行列 A の階数 $\mathrm{rank}(A)$ と $\{\boldsymbol{a}_1, \boldsymbol{a}_2, \cdots, \boldsymbol{a}_n\}$ の最大独立個数 $\mathrm{r}(\{\boldsymbol{a}_1, \boldsymbol{a}_2, \cdots, \boldsymbol{a}_n\})$ は等しい．つまり

$$\mathrm{rank}(A) = \mathrm{r}(\{\boldsymbol{a}_1, \boldsymbol{a}_2, \cdots, \boldsymbol{a}_n\})$$ □

また，n 次正方行列 A に対して，A が正則行列であるための必要十分条件は $\mathrm{rank}(A) = n$ であった (定理 3.5.2) ので，上の命題から以下が得られる．

命題 6.3.7 n 次正方行列 $A = (\boldsymbol{a}_1\ \boldsymbol{a}_2\ \cdots\ \boldsymbol{a}_n)$ に対し，A が正則行列であるための必要十分条件は $\boldsymbol{a}_1, \boldsymbol{a}_2, \cdots, \boldsymbol{a}_n$ が 1 次独立であることである． □

6.4 ベクトル空間の基底と次元

定義 6.4.1 ベクトル空間 $\mathbb{V}$ ($\mathbb{R}^m$ あるいはその部分空間) のベクトル $\boldsymbol{u}_1, \boldsymbol{u}_2, \cdots, \boldsymbol{u}_n$ が $\mathbb{V}$ を**生成する**とは，$\mathbb{V}$ の任意のベクトルが $\boldsymbol{u}_1, \boldsymbol{u}_2, \cdots, \boldsymbol{u}_n$ の 1 次結合で表せるときをいう．

定義 6.4.2 (基底) ベクトル空間 $\mathbb{V}$ のベクトルの集合 $\{\boldsymbol{u}_1, \boldsymbol{u}_2, \cdots, \boldsymbol{u}_n\}$ が $\mathbb{V}$ の**基底**であるとは，次の 2 つの条件を満たすときをいう．

(1) $\boldsymbol{u}_1, \boldsymbol{u}_2, \cdots, \boldsymbol{u}_n$ は 1 次独立である．

(2) $\boldsymbol{u}_1, \boldsymbol{u}_2, \cdots, \boldsymbol{u}_n$ は $\mathbb{V}$ を生成する．

条件 (1) より，$\mathbb{V}$ の任意のベクトル $\boldsymbol{u}$ は $\boldsymbol{u} = c_1\boldsymbol{u}_1 + c_2\boldsymbol{u}_2 + \cdots + c_n\boldsymbol{u}_n$ と表せ，条件 (2) がその係数 $c_1, c_2, \cdots, c_n$ の一意性を保証している．また逆に実数 $c_1, c_2, \cdots, c_n$ に対し，$\mathbb{V}$ のベクトル $c_1\boldsymbol{u}_1 + c_2\boldsymbol{u}_2 + \cdots + c_n\boldsymbol{u}_n$ が 1 つ決まる．つまり $\mathbb{V}$ の任意のベクトル $\boldsymbol{u}$ に対し，実数の組 $(c_1, c_2, \cdots, c_n)$ が対応している．実数の組 $(c_1, c_2, \cdots, c_n)$ を座標だと思えば，この対応は $\mathbb{V}$ と直積集合 $\mathbb{R}^n$ への対応と見なせる．特に $\boldsymbol{u}_1, \boldsymbol{u}_2, \cdots, \boldsymbol{u}_n$ はそれぞれ $(1, 0, 0, \cdots, 0, 0)$, $(0, 1, 0, \cdots, 0, 0)$, $(0, 0, 0, \cdots, 0, 1)$ と対応している．したがって $\mathbb{V}$ の基底を選ぶということは，$\mathbb{V}$ の中に座標軸のようなものを定めることであるといえる．

例 6.4.3 $\mathbb{R}^n$ の基本ベクトルの集合 $\{\boldsymbol{e}_1, \boldsymbol{e}_2, \cdots, \boldsymbol{e}_n\}$ は $\mathbb{R}^n$ の基底である．これを $\mathbb{R}^n$ の**標準基底**と呼ぶ．

ベクトル空間の基底は一意的に定まるわけではないが，命題 6.2.8 から次の命題が成立することがわかる．

命題 6.4.4 (練習問題 6.10) ベクトル空間 $\mathbb{V}$ の基底に含まれるベクトルの個数は，基底の選び方によらず一定である． □

定義 6.4.5 (次元) ベクトル空間 $\mathbb{V}$ の基底に含まれるベクトルの個数を $\mathbb{V}$ の**次元**と呼び，$\dim(\mathbb{V})$ で表す．ただし零ベクトル空間の次元は 0 と定める．

例 6.4.6 $\mathbb{R}^n$ の基本ベクトルの集合 $\{\boldsymbol{e}_1, \boldsymbol{e}_2, \cdots, \boldsymbol{e}_n\}$ は $\mathbb{R}^n$ の基底であるので，$\dim(\mathbb{R}^n) = n$ である．

例題 6.4.7 次の解空間の次元と 1 組の基底を求めよ．

$$\mathbb{V} = \left\{ \boldsymbol{x} = \begin{pmatrix} x_1 \\ x_2 \\ x_3 \\ x_4 \\ x_5 \end{pmatrix} \in \mathbb{R}^5 \,\middle|\, \begin{array}{r} x_1 - 2x_2 + x_3 + 2x_4 + 3x_5 = 0 \\ 2x_1 - 4x_2 + 3x_3 + 3x_4 + 8x_5 = 0 \end{array} \right\}$$

解答 連立 1 次方程式を解いて，解を求めると

$$\boldsymbol{x} = \begin{pmatrix} 2c_1 - 3c_2 - c_3 \\ c_1 \\ c_2 - 2c_3 \\ c_2 \\ c_3 \end{pmatrix} = c_1 \begin{pmatrix} 2 \\ 1 \\ 0 \\ 0 \\ 0 \end{pmatrix} + c_2 \begin{pmatrix} -3 \\ 0 \\ 1 \\ 1 \\ 0 \end{pmatrix} + c_3 \begin{pmatrix} -1 \\ 0 \\ -2 \\ 0 \\ 1 \end{pmatrix} \qquad (c_1, c_2, c_3 \in \mathbb{R})$$

となる．3 つのベクトル

$$\begin{pmatrix} 2 \\ 1 \\ 0 \\ 0 \\ 0 \end{pmatrix}, \quad \begin{pmatrix} -3 \\ 0 \\ 1 \\ 1 \\ 0 \end{pmatrix}, \quad \begin{pmatrix} -1 \\ 0 \\ -2 \\ 0 \\ 1 \end{pmatrix}$$

が解空間を生成するのは明らかであり，1 次独立であることも容易に確かめら

れるので，これらは $\mathbb{V}$ の基底であり，$\dim(\mathbb{V}) = 3$ である．□

上の例題から容易に推測できるように次の命題が成立する．

命題 6.4.8　$m \times n$ 行列 A と，連立 1 次方程式 $A\boldsymbol{x} = \boldsymbol{0}$ の解空間 $\mathbb{V}$ に対し，次式が成立する．

$$\dim(\mathbb{V}) = n - \mathrm{rank}(A)$$

□

ベクトル空間 $\mathbb{V}$ のベクトル $\boldsymbol{u}_1, \boldsymbol{u}_2, \cdots, \boldsymbol{u}_m$ の 1 次結合全体の集合

$$\mathbb{W} = \{c_1\boldsymbol{u}_1 + c_2\boldsymbol{u}_2 + \cdots + c_m\boldsymbol{u}_m \mid c_1, c_2, \cdots, c_m \in \mathbb{R}\}$$

は $\mathbb{V}$ の部分空間である．この $\mathbb{W}$ を $\boldsymbol{u}_1, \boldsymbol{u}_2, \cdots, \boldsymbol{u}_m$ で**生成される** (または，**張られる**) **$\mathbb{V}$ の部分空間**といい，$\langle \boldsymbol{u}_1, \boldsymbol{u}_2, \cdots, \boldsymbol{u}_m \rangle$ で表す．命題 6.2.6 から次の命題を得る．

命題 6.4.9 (練習問題 6.11)　ベクトル $\boldsymbol{u}_1, \boldsymbol{u}_2, \cdots, \boldsymbol{u}_m$ に対し以下が成立する．

$$\dim(\langle \boldsymbol{u}_1, \boldsymbol{u}_2, \cdots, \boldsymbol{u}_m \rangle) = \mathrm{r}\left(\{\boldsymbol{u}_1, \boldsymbol{u}_2, \cdots, \boldsymbol{u}_m\}\right)$$

□

系 6.4.10　1 次独立なベクトル $\boldsymbol{u}_1, \boldsymbol{u}_2, \cdots, \boldsymbol{u}_m$ に対し以下が成立する．

$$\dim(\langle \boldsymbol{u}_1, \boldsymbol{u}_2, \cdots, \boldsymbol{u}_m \rangle) = m$$

□

例題 6.4.11　例題 6.3.3 のベクトル $\boldsymbol{a}_1, \boldsymbol{a}_2, \boldsymbol{a}_3, \boldsymbol{a}_4, \boldsymbol{a}_5$ で生成される $\mathbb{R}^4$ の部分空間 $\mathbb{V} = \langle \boldsymbol{a}_1, \boldsymbol{a}_2, \boldsymbol{a}_3, \boldsymbol{a}_4, \boldsymbol{a}_5 \rangle$ の次元を求めよ．

解答　$\boldsymbol{a}_1, \boldsymbol{a}_2, \boldsymbol{a}_3, \boldsymbol{a}_4, \boldsymbol{a}_5$ の最大独立個数は 3 なので，命題 6.4.9 から，$\dim(\mathbb{V}) = 3$.　□

6.5 $\mathbb{R}^2, \mathbb{R}^3$ の場合

ここでは，座標平面を 2 次元座標空間，座標空間を 3 次元座標空間と呼ぶことにする．

n 次元座標空間 $(n = 2, 3)$ の原点 O を始点とし，n 次元座標空間内の点 A を終点とする $\mathbb{R}^n$ 内の矢印を $\overrightarrow{\mathrm{OA}}$ とかく．線分 OA の長さを $\overrightarrow{\mathrm{OA}}$ の大きさといい，$|\overrightarrow{\mathrm{OA}}|$ で表す．また，$\overrightarrow{\mathrm{OA}}$ の方向[*1)]を $\overrightarrow{\mathrm{OA}}$ の向きという．この矢印全体の集合 $\{\overrightarrow{\mathrm{OP}} \mid \mathrm{P} \in \mathbb{R}^n\}$ を V^n と書くことにする．

$\overrightarrow{\mathrm{OA}}, \overrightarrow{\mathrm{OB}} \in V^n$ と実数 λ に対し，和と実数倍を次で定義する．$\overrightarrow{\mathrm{OB}}$ を平行移動して $\overrightarrow{\mathrm{OB}}$ の始点を点 A に重ねたときの終点を C としたとき

$$\overrightarrow{\mathrm{OA}} + \overrightarrow{\mathrm{OB}} = \overrightarrow{\mathrm{OC}}$$

と定義する．$\lambda \geq 0$ ならば，$\lambda\overrightarrow{\mathrm{OA}}$ を $\overrightarrow{\mathrm{OA}}$ と同じ向きで大きさ $\lambda|\overrightarrow{\mathrm{OA}}|$ の矢印とし，$\lambda < 0$ ならば，$\lambda\overrightarrow{\mathrm{OA}}$ を $\overrightarrow{\mathrm{OA}}$ と反対の向きで大きさ $|\lambda||\overrightarrow{\mathrm{OA}}|$ の矢印として定義する．

以下 $n = 3$ の場合に限って話を進める．

考察 6.5.1　ベクトル空間 $\mathbb{R}^3$ と V^3 は座標を介して同じものと見なせる．

解説　3 次元座標空間上の点 A の座標が (a_1, a_2, a_3) のとき，矢印 $\overrightarrow{\mathrm{OA}}$ に対しベクトル $\boldsymbol{a} = \begin{pmatrix} a_1 \\ a_2 \\ a_3 \end{pmatrix}$ を対応させることにより，ベクトル空間 $\mathbb{R}^3$ と V^3 は同じものと見なせる．実際，$\mathrm{A} = (a_1, a_2, a_3)$, $\mathrm{B} = (b_1, b_2, b_3)$ に対し $\overrightarrow{\mathrm{OA}} + \overrightarrow{\mathrm{OB}}$ の終点の座標は $(a_1 + b_1, a_2 + b_2, a_3 + b_3)$ になることと，実数 λ に対し $\lambda\overrightarrow{\mathrm{OA}}$ の終点の座標は $(\lambda a_1, \lambda a_2, \lambda a_3)$ になることが確認できる．　□

考察 6.5.2　$\mathbb{R}^3$ のベクトル $\boldsymbol{u}_1, \boldsymbol{u}_2, \boldsymbol{u}_3$ にそれぞれ V^3 の矢印 $\overrightarrow{\mathrm{OU}_1}, \overrightarrow{\mathrm{OU}_2}, \overrightarrow{\mathrm{OU}_3}$ が対応しているとする．このとき

---

*1)　これは，少々厳密性に欠ける表現であるが，ここでは細かいことを気にせず先に進んでもらいたい．

(1) $\langle \boldsymbol{u}_1 \rangle$ は矢印 $\overrightarrow{\mathrm{OU}_1}$ を含む直線に対応している．

(2) $\boldsymbol{u}_1, \boldsymbol{u}_2$ が 1 次独立ならば，$\overrightarrow{\mathrm{OU}_1}, \overrightarrow{\mathrm{OU}_2}$ は同一直線上にない．

(3) $\boldsymbol{u}_1, \boldsymbol{u}_2$ が 1 次独立ならば，$\langle \boldsymbol{u}_1, \boldsymbol{u}_2 \rangle$ は矢印 $\overrightarrow{\mathrm{OU}_1}, \overrightarrow{\mathrm{OU}_2}$ を含む平面に対応している．

(4) $\boldsymbol{u}_1, \boldsymbol{u}_2, \boldsymbol{u}_3$ が 1 次独立ならば，$\overrightarrow{\mathrm{OU}_1}, \overrightarrow{\mathrm{OU}_2}, \overrightarrow{\mathrm{OU}_3}$ は同一平面上にない．

解説　(1) $\boldsymbol{u}_1$ の 1 次結合 $a_1\boldsymbol{u}_1$ に対応する矢印を $\overrightarrow{\mathrm{OA}}$ とすると，(簡単のために $a_1 > 0$ とすると，) 原点を出発し $\overrightarrow{\mathrm{OU}_1}$ 方向に $a_1|\overrightarrow{\mathrm{OU}_1}|$ 進んだときの終点が A であり，また矢印 $\overrightarrow{\mathrm{OU}_1}$ を含む直線上の任意の点 A に対して，$\overrightarrow{\mathrm{OA}}$ に対応するベクトルは $\boldsymbol{u}_1$ の 1 次結合で書ける．

(2) $\boldsymbol{u}_1, \boldsymbol{u}_2$ が同一直線上にあるとすると，$\boldsymbol{u}_2$ は $\boldsymbol{u}_1$ の実数倍で表される．これは，$\boldsymbol{u}_1, \boldsymbol{u}_2$ が 1 次従属となり矛盾．

(3) $\boldsymbol{u}_1, \boldsymbol{u}_2$ が 1 次独立であると仮定する．ベクトル $a_1\boldsymbol{u}_1 + a_2\boldsymbol{u}_2$ の対応する矢印を $\overrightarrow{\mathrm{OA}}$ とすると，(簡単のために $a_1, a_2 > 0$ とすると，) 原点を出発し $\overrightarrow{\mathrm{OU}_1}$ 方向に $a_1|\overrightarrow{\mathrm{OU}_1}|$ 進み $\overrightarrow{\mathrm{OU}_2}$ 方向に $a_2|\overrightarrow{\mathrm{OU}_2}|$ 進んだときの終点が A である．したがって $\boldsymbol{u}_1, \boldsymbol{u}_2$ の 1 次結合に対応する矢印の終点は矢印 $\overrightarrow{\mathrm{OU}_1}, \overrightarrow{\mathrm{OU}_2}$ を含む平面に含まれる．逆に，矢印 $\overrightarrow{\mathrm{OU}_1}, \overrightarrow{\mathrm{OU}_2}$ を含む平面上の任意の点 A の対して，$\overrightarrow{\mathrm{OA}}$ に対応するベクトルは $\boldsymbol{u}_1, \boldsymbol{u}_2$ の 1 次結合で書ける．

(4) $\boldsymbol{u}_1, \boldsymbol{u}_2, \boldsymbol{u}_3$ が同一平面上にあると仮定すると，(3) の議論より，例えば $\boldsymbol{u}_3$ が $\boldsymbol{u}_1, \boldsymbol{u}_2$ の 1 次結合で表せる．よって $\boldsymbol{u}_1, \boldsymbol{u}_2, \boldsymbol{u}_3$ は 1 次従属となり矛盾．　□

考察 6.5.3　ベクトル空間のベクトル $\boldsymbol{u}_1, \boldsymbol{u}_2, \cdots, \boldsymbol{u}_n$ が 1 次独立で $\boldsymbol{u}$ を加えても 1 次独立であるとは，$\boldsymbol{u}$ が $\langle \boldsymbol{u}_1, \boldsymbol{u}_2, \cdots, \boldsymbol{u}_n \rangle$ に含まれないことである．これは感覚的には $\boldsymbol{u}$ がベクトル $\boldsymbol{u}_1, \boldsymbol{u}_2, \cdots, \boldsymbol{u}_n$ では “作れない” 方向をもっているといえる．　□

ベクトル空間において基底を 1 組求めるとは，座標軸を 1 組決めることであるといえると前に述べたが，$\mathbb{R}^3$ を例にとって具体的に見てみよう．

考察 6.5.4　ベクトル空間 $\mathbb{R}^3$ の基底 $\boldsymbol{u}_1, \boldsymbol{u}_2, \boldsymbol{u}_3$ に対し，V^3 の矢印 $\overrightarrow{\mathrm{OU}_1}$, $\overrightarrow{\mathrm{OU}_2}, \overrightarrow{\mathrm{OU}_3}$ が対応しているとする．このとき，基底 $\boldsymbol{u}_1, \boldsymbol{u}_2, \boldsymbol{u}_3$ は $\overrightarrow{\mathrm{OU}_1}, \overrightarrow{\mathrm{OU}_2}, \overrightarrow{\mathrm{OU}_3}$

を含む直線をそれぞれ軸とし，それぞれの大きさを1目盛りにしたときに得られる座標に対応する．この座標軸は直交しているとは限らないし，目盛りも軸によって異なるかもしれない．$\overrightarrow{\mathrm{OU}}_1, \overrightarrow{\mathrm{OU}}_2, \overrightarrow{\mathrm{OU}}_3$ が互いに垂直で $|\overrightarrow{\mathrm{OU}}_1| = |\overrightarrow{\mathrm{OU}}_2| = |\overrightarrow{\mathrm{OU}}_3|$ であるときは，通常の (直交) 座標が得られる．

解説　任意のベクトル $\boldsymbol{a} \in \mathbb{R}^3$ は $\boldsymbol{u}_1, \boldsymbol{u}_2, \boldsymbol{u}_3$ の1次結合 $a_1\boldsymbol{u}_1 + a_2\boldsymbol{u}_2 + a_3\boldsymbol{u}_3$ で書け，$\boldsymbol{u}_1, \boldsymbol{u}_2, \boldsymbol{u}_3$ の係数は一意的なので，座標 (a_1, a_2, a_3) を対応させることができる．特に $\boldsymbol{u}_1, \boldsymbol{u}_2, \boldsymbol{u}_3$ はそれぞれ $(1,0,0), (0,1,0), (0,0,1)$ に対応する．

□

練　習　問　題

6.1　次の各部分集合 $\mathbb{W}$ が $\mathbb{R}^3$ の部分空間となるかどうかを判定せよ．

(1) $$\mathbb{W} = \left\{ \boldsymbol{x} = \begin{pmatrix} x_1 \\ x_2 \\ x_3 \end{pmatrix} \middle| \begin{array}{r} x_1 + x_2 - x_3 = 0 \\ 3x_1 + x_2 + 2x_3 = 0 \end{array} \right\}$$

(2) $$\mathbb{W} = \left\{ \boldsymbol{x} = \begin{pmatrix} x_1 \\ x_2 \\ x_3 \end{pmatrix} \middle| \begin{array}{r} 2x_1 - 3x_2 + x_3 \leq 1 \\ 3x_1 + x_2 + 2x_3 \leq 2 \end{array} \right\}$$

(3) $$\mathbb{W} = \left\{ \boldsymbol{x} = \begin{pmatrix} x_1 \\ x_2 \\ x_3 \end{pmatrix} \middle| \begin{array}{r} x_1^2 + x_2^2 - x_3^2 = 0 \\ x_1 - x_2 + 2x_3 = 1 \end{array} \right\}$$

(4) $$\mathbb{W} = \left\{ \boldsymbol{x} = \begin{pmatrix} x_1 \\ x_2 \\ x_3 \end{pmatrix} \middle| 2x_1 - 3x_2 + x_3 = 0 \right\}$$

(5) $$\mathbb{W} = \left\{ \boldsymbol{x} = \begin{pmatrix} x_1 \\ x_2 \\ x_3 \end{pmatrix} \middle| \begin{array}{r} 2x_1 - 3x_2 + x_3 = 0 \\ (x_1 + x_2 + 2x_3)(x_1 + x_2 - 3x_3) = 0 \end{array} \right\}$$

6.2　$\mathbb{W}_1, \mathbb{W}_2$ が $\mathbb{R}^n$ の部分空間であるとき，次の命題が成立するか否かを判定せよ．

(1) $\mathbb{W}_1 \cup \mathbb{W}_2$ は $\mathbb{R}^n$ の部分空間である．

(2) $\mathbb{W}_1 \cap \mathbb{W}_2$ は $\mathbb{R}^n$ の部分空間である．

6.3　$\{\mathbf{0}\} \subset \mathbb{R}^n$ が $\mathbb{R}^n$ の部分空間になることを示せ．

6.4　次の各ベクトルの組が1次独立か否かを判定せよ．

(1) $\begin{pmatrix} 3 \\ 2 \\ 1 \end{pmatrix}, \begin{pmatrix} 2 \\ 1 \\ 3 \end{pmatrix}, \begin{pmatrix} 5 \\ 4 \\ 3 \end{pmatrix}$　(2) $\begin{pmatrix} 1 \\ 4 \\ 2 \end{pmatrix}, \begin{pmatrix} 2 \\ 1 \\ 3 \end{pmatrix}, \begin{pmatrix} 1 \\ 1 \\ 5 \end{pmatrix}, \begin{pmatrix} 3 \\ 0 \\ 2 \end{pmatrix}$

(3) $\begin{pmatrix} 4 \\ 1 \\ 1 \\ 2 \end{pmatrix}, \begin{pmatrix} 1 \\ 1 \\ 2 \\ 3 \end{pmatrix}, \begin{pmatrix} -5 \\ 1 \\ 4 \\ 5 \end{pmatrix}$　(4) $\begin{pmatrix} 4 \\ 2 \\ 0 \\ 1 \end{pmatrix}, \begin{pmatrix} 3 \\ 0 \\ 1 \\ 1 \end{pmatrix}, \begin{pmatrix} 0 \\ 3 \\ 1 \\ 2 \end{pmatrix}, \begin{pmatrix} 1 \\ -1 \\ 0 \\ -1 \end{pmatrix}$

6.5　$\boldsymbol{u}_1, \boldsymbol{u}_2, \boldsymbol{u}_3, \boldsymbol{u}_4$ が1次独立のとき，以下の各ベクトルの組が1次独立か否かを判定せよ．

(1) $-3\boldsymbol{u}_1 + \boldsymbol{u}_2 + 2\boldsymbol{u}_3, \quad \boldsymbol{u}_1 - \boldsymbol{u}_2 + \boldsymbol{u}_3, \quad 4\boldsymbol{u}_1 + 2\boldsymbol{u}_2 + \boldsymbol{u}_3$

(2) $-\boldsymbol{u}_1 - \boldsymbol{u}_2 + \boldsymbol{u}_3 + 2\boldsymbol{u}_4, \quad \boldsymbol{u}_1 + 2\boldsymbol{u}_2 - \boldsymbol{u}_3 + \boldsymbol{u}_4$

$-\boldsymbol{u}_1 + \boldsymbol{u}_2 - \boldsymbol{u}_3 + 2\boldsymbol{u}_4, \quad -3\boldsymbol{u}_1 - 2\boldsymbol{u}_2 + \boldsymbol{u}_3 + 2\boldsymbol{u}_4$

6.6　ベクトル空間 $\mathbb{V}$ の1個のベクトル $\boldsymbol{a}\,(\neq \mathbf{0})$ は1次独立であることを示せ．

6.7　ベクトル $\boldsymbol{u}_1, \boldsymbol{u}_2, \cdots, \boldsymbol{u}_n$ が1次独立で，$\boldsymbol{u}, \boldsymbol{u}_1, \boldsymbol{u}_2, \cdots, \boldsymbol{u}_n$ が1次従属ならば，ある実数 $c(\neq 0), c_1, c_2, \cdots, c_n$ が存在し

$$c\boldsymbol{u} + c_1\boldsymbol{u}_1 + c_2\boldsymbol{u}_2 + \cdots + c_n\boldsymbol{u}_n = \mathbf{0}$$

を満たすことを示せ．

6.8　次の各組のベクトルの最大独立個数 r と r 個の1次独立なベクトルを1組求め，他のベクトルをこれらの1次結合で表せ．

(1) $\begin{pmatrix} 3 \\ 4 \\ 1 \\ 2 \end{pmatrix}, \begin{pmatrix} 1 \\ 2 \\ 0 \\ 1 \end{pmatrix}, \begin{pmatrix} 8 \\ 10 \\ 3 \\ 5 \end{pmatrix}, \begin{pmatrix} 2 \\ 1 \\ 1 \\ 1 \end{pmatrix}, \begin{pmatrix} 1 \\ 1 \\ 0 \\ 1 \end{pmatrix}$

(2) $\begin{pmatrix} 1 \\ 1 \\ 0 \\ 1 \end{pmatrix}, \begin{pmatrix} 1 \\ 0 \\ 1 \\ 2 \end{pmatrix}, \begin{pmatrix} 2 \\ -1 \\ 0 \\ 1 \end{pmatrix}, \begin{pmatrix} 4 \\ 2 \\ -1 \\ 5 \end{pmatrix}, \begin{pmatrix} -1 \\ 3 \\ 2 \\ 3 \end{pmatrix}$

(3) $\begin{pmatrix} 1 \\ -1 \\ -2 \\ 1 \end{pmatrix}, \begin{pmatrix} 2 \\ 1 \\ -1 \\ -1 \end{pmatrix}, \begin{pmatrix} 4 \\ -1 \\ -5 \\ 1 \end{pmatrix}, \begin{pmatrix} 3 \\ 0 \\ -3 \\ 0 \end{pmatrix}, \begin{pmatrix} 1 \\ 0 \\ -1 \\ 2 \end{pmatrix}$

6.9 次の各解空間の次元と1組の基底を求めよ.

(1) $\mathbb{V} = \left\{ \boldsymbol{x} = \begin{pmatrix} x_1 \\ x_2 \\ x_3 \\ x_4 \\ x_5 \end{pmatrix} \in \mathbb{R}^5 \;\middle|\; \begin{array}{r} x_1 + x_2 + x_3 + x_4 + x_5 = 0 \\ 2x_1 + x_2 + 2x_3 - x_4 + 5x_5 = 0 \\ x_1 - x_2 + x_3 + 2x_5 = 0 \end{array} \right\}$

(2) $\mathbb{V} = \left\{ \boldsymbol{x} = \begin{pmatrix} x_1 \\ x_2 \\ x_3 \\ x_4 \\ x_5 \end{pmatrix} \in \mathbb{R}^5 \;\middle|\; \begin{array}{r} 2x_1 - x_3 + 3x_4 + 4x_5 = 0 \\ x_1 + 2x_2 + 3x_3 + x_4 - 5x_5 = 0 \\ 3x_1 + x_2 + 4x_3 - 7x_4 + 10x_5 = 0 \end{array} \right\}$

(3) $\mathbb{V} = \left\{ \boldsymbol{x} = \begin{pmatrix} x_1 \\ x_2 \\ x_3 \\ x_4 \end{pmatrix} \in \mathbb{R}^4 \;\middle|\; \begin{array}{r} x_1 + x_2 - x_3 + x_4 = 0 \\ 3x_1 + x_2 + 2x_3 - x_4 = 0 \end{array} \right\}$

6.10　命題 6.2.8 を用いて命題 6.4.4 を証明せよ.

6.11　命題 6.2.6 を用いて命題 6.4.9 を証明せよ.

6.12　ベクトル空間 $\mathbb{V}$ の 1 組の基底を $\{\boldsymbol{u}_1, \boldsymbol{u}_2, \cdots, \boldsymbol{u}_n\}$ とするとき, 次の包含関係が成立することを示せ.

$$\{\mathbf{0}\} \subsetneqq \langle \boldsymbol{u}_1 \rangle \subsetneqq \langle \boldsymbol{u}_1, \boldsymbol{u}_2 \rangle \subsetneqq \cdots \subsetneqq \langle \boldsymbol{u}_1, \boldsymbol{u}_2, \cdots, \boldsymbol{u}_n \rangle = \mathbb{V}$$

7

線 形 写 像

ベクトル空間は演算が定義された集合である．したがってベクトル空間の間の写像を考える際には，その演算に顔をたてるのが筋であろう．そうして考えられたものが，線形写像と呼ばれるものである．

7.1 線 形 写 像

定義 7.1.1 (線形写像) ベクトル空間 $\mathbb{V}$ から $\mathbb{W}$ への写像 $T : \mathbb{V} \longrightarrow \mathbb{W}$ が次の条件

(1) $T(\boldsymbol{x}+\boldsymbol{y}) = T(\boldsymbol{x}) + T(\boldsymbol{y}) \qquad (\boldsymbol{x}, \boldsymbol{y} \in \mathbb{V})$

(2) $T(c\boldsymbol{x}) = cT(\boldsymbol{x}) \qquad (\boldsymbol{x} \in \mathbb{V},\ c \in \mathbb{R})$

を満たすとき，T を**線形写像**と呼ぶ．

$\mathbb{V}, \mathbb{W}$ の零ベクトルをそれぞれ $\mathbf{0}_{\mathbb{V}}, \mathbf{0}_{\mathbb{W}}$ とすると，条件 (2) より以下が成立する．

$$T(\mathbf{0}_{\mathbb{V}}) = T(0\mathbf{0}_{\mathbb{V}}) = 0T(\mathbf{0}_{\mathbb{V}}) = \mathbf{0}_{\mathbb{W}}$$

したがって，線形写像は零ベクトルを零ベクトルに移す．

注意 前章で述べたように本来の定義では，和と実数倍が (8 つの条件を満たすように) うまく定義された集合をベクトル空間と呼ぶ．つまり，和と実数倍はベクトル空間のもつ本質的な構造である．線形写像は条件 (1),(2) により和と実数倍を “保存” するので，線形写像はベクトル空間の “構造を保存する写像" であるといえる.

例 7.1.2 $n \times m$ 行列 A に対し，写像 $T_A : \mathbb{R}^n \longrightarrow \mathbb{R}^m$ を以下

$$T_A(\boldsymbol{x}) = A\boldsymbol{x} \qquad (\boldsymbol{x} \in \mathbb{R}^n)$$

で定義すると，T_A は線形写像になる．実際 $\boldsymbol{x}, \boldsymbol{y} \in \mathbb{R}^n, c \in \mathbb{R}$ に対し

$$T_A(\boldsymbol{x} + \boldsymbol{y}) = A(\boldsymbol{x} + \boldsymbol{y}) = A\boldsymbol{x} + A\boldsymbol{y} = T_A(\boldsymbol{x}) + T_A(\boldsymbol{y})$$
$$T_A(c\boldsymbol{x}) = A(c\boldsymbol{x}) = cA\boldsymbol{x} = cT_A(\boldsymbol{x})$$

となり，条件 (1),(2) を満たす.

例 7.1.3 (練習問題 7.1) 線形写像 $T_1 : \mathbb{U} \longrightarrow \mathbb{V}$ と $T_2 : \mathbb{V} \longrightarrow \mathbb{W}$ に対し，写像

$$T_2 \circ T_1 : \mathbb{U} \longrightarrow \mathbb{W},\ T_2 \circ T_1(\boldsymbol{x}) = T_2(T_1(\boldsymbol{x})) \qquad (\boldsymbol{x} \in \mathbb{U})$$

は線形写像になる.

定義 7.1.4 (像，核) 線形写像 $T : \mathbb{V} \longrightarrow \mathbb{W}$ 対し，$\mathbb{W}$ の部分集合

$$\mathrm{im}(T) = \{T(\boldsymbol{x}) \mid \boldsymbol{x} \in \mathbb{V}\}$$

を T の**像**，$\mathbb{V}$ の部分集合

$$\ker(T) = \{\boldsymbol{x} \mid T(\boldsymbol{x}) = \boldsymbol{0}\}$$

を T の**核**と呼ぶ.

命題 7.1.5 (練習問題 7.2) $\mathrm{im}(T)$, $\ker(T)$ はそれぞれ $\mathbb{W}, \mathbb{V}$ の部分空間になる. □

例 7.1.6 ベクトル空間 $\mathbb{V}$ の基底を $\{\boldsymbol{v}_1, \boldsymbol{v}_2, \cdots, \boldsymbol{v}_n\}$ とする．$\mathbb{V}$ の任意のベクトル $\boldsymbol{v}$ は $\boldsymbol{v} = c_1\boldsymbol{v}_1 + c_2\boldsymbol{v}_2 + \cdots + c_n\boldsymbol{v}_n$ と一意的に書けるので，写像

$$T : \mathbb{V} \longrightarrow \mathbb{R}^n, \quad T(\boldsymbol{v}) = \begin{pmatrix} c_1 \\ c_2 \\ \vdots \\ c_n \end{pmatrix}$$

を定義することができる．T は明らかに線形写像であり，$\ker(T) = \{\boldsymbol{0}\}$, $\mathrm{im}(T) = \mathbb{R}^n$ となる．

注意 一般に，線形写像 $T : \mathbb{V} \longrightarrow \mathbb{W}$ が $\ker(T) = \{\boldsymbol{0}\}$, $\mathrm{im}(T) = \mathbb{W}$ を満たすとき，T を**同型写像**と呼ぶ．ベクトル空間 $\mathbb{V}$ から $\mathbb{W}$ への同型写像があるとき，$\mathbb{V}$ は $\mathbb{W}$ に**同型**であると呼ぶ．これは 2 つのベクトル空間が "等しい" という概念を定義したものである．したがって上の例から，任意の n 次元ベクトル空間は $\mathbb{R}^n$ と "等しい" といえる．

定理 7.1.7[*1] 線形写像 $T : \mathbb{V} \longrightarrow \mathbb{W}$ に対し，以下が成立する．

$$\dim(\ker(T)) + \dim(\mathrm{im}(T)) = \dim(\mathbb{V})$$

証明 $\dim(\ker(T)) = r$, $\dim(\mathrm{im}(T)) = s$ とおく．$\{\boldsymbol{v}_1, \boldsymbol{v}_2, \cdots, \boldsymbol{v}_r\}$ を $\ker(T)$ の基底，$\{\boldsymbol{u}_1, \boldsymbol{u}_2, \cdots, \boldsymbol{u}_s\}$ を $\{T(\boldsymbol{u}_1), T(\boldsymbol{u}_2), \cdots, T(\boldsymbol{u}_s)\}$ が $\mathrm{im}(T)$ の基底になる $\mathbb{V}$ のベクトルの集合とする．このとき集合 $\{\boldsymbol{v}_1, \boldsymbol{v}_2, \cdots, \boldsymbol{v}_r, \boldsymbol{u}_1, \boldsymbol{u}_2, \cdots, \boldsymbol{u}_s\}$ が $\mathbb{V}$ の基底になることを示せば $r + s = \dim(\mathbb{V})$ となる．

まず生成することを示す．$\boldsymbol{v}$ を $\mathbb{V}$ の任意のベクトルとすると，$T(\boldsymbol{v}) \in \mathrm{im}(T)$ より

$$T(\boldsymbol{v}) = b_1 T(\boldsymbol{u}_1) + b_2 T(\boldsymbol{u}_2) + \cdots + b_s T(\boldsymbol{u}_s)$$

と書ける．ここで，

$$\begin{aligned} \boldsymbol{0} &= T(\boldsymbol{v}) - (b_1 T(\boldsymbol{u}_1) + b_2 T(\boldsymbol{u}_2) + \cdots + b_s T(\boldsymbol{u}_s)) \\ &= T(\boldsymbol{v} - (b_1 \boldsymbol{u}_1 + b_2 \boldsymbol{u}_2 + \cdots + b_s \boldsymbol{u}_s)) \end{aligned}$$

---

*1) この定理は後で必要になることはない上に証明がやや面倒なので，読み飛ばして先に進んでもかまわない．

なので，$\boldsymbol{v}-(b_1\boldsymbol{u}_1+b_2\boldsymbol{u}_2+\cdots+b_s\boldsymbol{u}_s)\in\ker(T)$．したがって

$$\boldsymbol{v}-(b_1\boldsymbol{u}_1+b_2\boldsymbol{u}_2+\cdots+b_s\boldsymbol{u}_s)=a_1\boldsymbol{v}_1+a_2\boldsymbol{v}_2+\cdots+a_r\boldsymbol{v}_r$$

と表せる．つまり

$$\boldsymbol{v}=a_1\boldsymbol{v}_1+a_2\boldsymbol{v}_2+\cdots+a_r\boldsymbol{v}_r+b_1\boldsymbol{u}_1+b_2\boldsymbol{u}_2+\cdots+b_s\boldsymbol{u}_s$$

と表せるので，$\boldsymbol{v}_1,\boldsymbol{v}_2,\cdots,\boldsymbol{v}_r,\boldsymbol{u}_1,\boldsymbol{u}_2,\cdots,\boldsymbol{u}_s$ は $\mathbb{V}$ を生成する．

次に1次独立であることを示す．

$$x_1\boldsymbol{v}_1+x_2\boldsymbol{v}_2+\cdots+x_r\boldsymbol{v}_r+y_1\boldsymbol{u}_1+y_2\boldsymbol{u}_2+\cdots+y_s\boldsymbol{u}_s=\boldsymbol{0}$$

とすると

$$\begin{aligned}\boldsymbol{0}&=T(x_1\boldsymbol{v}_1+x_2\boldsymbol{v}_2+\cdots+x_r\boldsymbol{v}_r+y_1\boldsymbol{u}_1+y_2\boldsymbol{u}_2+\cdots+y_s\boldsymbol{u}_s)\\&=T(y_1\boldsymbol{u}_1+y_2\boldsymbol{u}_2+\cdots+y_s\boldsymbol{u}_s)\\&=y_1T(\boldsymbol{u}_1)+y_2T(\boldsymbol{u}_2)+\cdots+y_sT(\boldsymbol{u}_s)\end{aligned}$$

ここで $T(\boldsymbol{u}_1),T(\boldsymbol{u}_2),\cdots,T(\boldsymbol{u}_s)$ は1次独立なので，$y_1=y_2=\cdots=y_s=0$ を得る．したがって

$$\begin{aligned}\boldsymbol{0}&=x_1\boldsymbol{v}_1+x_2\boldsymbol{v}_2+\cdots+x_r\boldsymbol{v}_r+y_1\boldsymbol{u}_1+y_2\boldsymbol{u}_2+\cdots+y_s\boldsymbol{u}_s\\&=x_1\boldsymbol{v}_1+x_2\boldsymbol{v}_2+\cdots+x_r\boldsymbol{v}_r\end{aligned}$$

$\boldsymbol{v}_1,\boldsymbol{v}_2,\cdots,\boldsymbol{v}_r$ は1次独立なので，$x_1=x_2=\cdots=x_r=0$ を得る．つまり $\boldsymbol{v}_1,\boldsymbol{v}_2,\cdots,\boldsymbol{v}_r,\boldsymbol{u}_1,\boldsymbol{u}_2,\cdots,\boldsymbol{u}_s$ は1次独立である． □

例題 7.1.8 行列

$$A=\begin{pmatrix}2&-1&1&5&0\\1&3&4&-1&7\\1&0&1&2&1\end{pmatrix}$$

で定義される線形写像 $T_A:\mathbb{R}^5\longrightarrow\mathbb{R}^3$，$T_A(\boldsymbol{x})=A\boldsymbol{x}$ に対し，$\ker(T_A)$ と $\mathrm{im}(T_A)$ の1組の基底をそれぞれ求めよ．

解答 $A = (\boldsymbol{a}_1\ \boldsymbol{a}_2\ \boldsymbol{a}_3\ \boldsymbol{a}_4\ \boldsymbol{a}_5)$ とすると，

$$\begin{aligned}\mathrm{im}(T_A) &= \left\{ A \begin{pmatrix} x_1 \\ x_2 \\ x_3 \\ x_4 \\ x_5 \end{pmatrix} \middle|\, x_1, x_2, x_3, x_4, x_5 \in \mathbb{R} \right\} \\ &= \{x_1\boldsymbol{a}_1 + x_2\boldsymbol{a}_2 + x_3\boldsymbol{a}_3 + x_4\boldsymbol{a}_4 + x_5\boldsymbol{a}_5 \mid x_1, x_2, x_3, x_4, x_5 \in \mathbb{R}\} \\ &= \langle \boldsymbol{a}_1\ \boldsymbol{a}_2\ \boldsymbol{a}_3\ \boldsymbol{a}_4\ \boldsymbol{a}_5 \rangle\end{aligned}$$

したがって前章の例題 6.4.10 (例題 6.3.3) と同様にできる．A を簡約化すると

$$A = \begin{pmatrix} 2 & -1 & 1 & 5 & 0 \\ 1 & 3 & 4 & -1 & 7 \\ 1 & 0 & 1 & 2 & 1 \end{pmatrix} \to B = \begin{pmatrix} 1 & 0 & 1 & 2 & 1 \\ 0 & 1 & 1 & -1 & 2 \\ 0 & 0 & 0 & 0 & 0 \end{pmatrix}$$

となるので，$\mathrm{im}(T)$ の基底として $\{\boldsymbol{a}_1, \boldsymbol{a}_2\}$ がとれる．

$\ker(T_A) = \{\boldsymbol{x} \in \mathbb{R}^5 \mid T_A(\boldsymbol{x}) = \boldsymbol{0}\} = \{\boldsymbol{x} \in \mathbb{R}^5 \mid A\boldsymbol{x} = \boldsymbol{0}\}$ なので，$\ker(T_A)$ は連立 1 次方程式 $A\boldsymbol{x} = \boldsymbol{0}$ の解空間である．したがって前章の例題 6.4.7 と同様にできる．この連立 1 次方程式を解くと

$$\boldsymbol{x} = c_1 \begin{pmatrix} -1 \\ -1 \\ 1 \\ 0 \\ 0 \end{pmatrix} + c_2 \begin{pmatrix} -2 \\ 1 \\ 0 \\ 1 \\ 0 \end{pmatrix} + c_3 \begin{pmatrix} -1 \\ -2 \\ 0 \\ 0 \\ 1 \end{pmatrix} \qquad (c_1, c_2, c_3 \in \mathbb{R})$$

なので，$\ker(T_A)$ の基底として

$$\left\{ \begin{pmatrix} -1 \\ -1 \\ 1 \\ 0 \\ 0 \end{pmatrix}, \begin{pmatrix} -2 \\ 1 \\ 0 \\ 1 \\ 0 \end{pmatrix}, \begin{pmatrix} -1 \\ -2 \\ 0 \\ 0 \\ 1 \end{pmatrix} \right\}$$

がとれる． □

7.2 表 現 行 列

定義 7.2.1 (表現行列) ベクトル空間 $\mathbb{V}, \mathbb{W}$ の基底をそれぞれ $\{\boldsymbol{v}_1, \boldsymbol{v}_2, \cdots, \boldsymbol{v}_n\}$, $\{\boldsymbol{w}_1, \boldsymbol{w}_2, \cdots, \boldsymbol{w}_m\}$ とすると，線形写像 $T : \mathbb{V} \longrightarrow \mathbb{W}$ による各 $\boldsymbol{v}_i$ の像 $T(\boldsymbol{v}_i)$ は $\boldsymbol{w}_1, \boldsymbol{w}_2, \cdots, \boldsymbol{w}_m$ の 1 次結合で表せる．つまり，ある実数 a_{ij} $(1 \leq i \leq m, 1 \leq j \leq n)$ が存在し

$$\begin{aligned} T(\boldsymbol{v}_1) &= a_{11}\boldsymbol{w}_1 + a_{21}\boldsymbol{w}_2 + \cdots + a_{m1}\boldsymbol{w}_m \\ T(\boldsymbol{v}_2) &= a_{12}\boldsymbol{w}_1 + a_{22}\boldsymbol{w}_2 + \cdots + a_{m2}\boldsymbol{w}_m \\ &\vdots \\ T(\boldsymbol{v}_n) &= a_{1n}\boldsymbol{w}_1 + a_{2n}\boldsymbol{w}_2 + \cdots + a_{mn}\boldsymbol{w}_m \end{aligned}$$

と表すことができる．このとき行列

$$A = \begin{pmatrix} a_{11} & a_{12} & \cdots & a_{1n} \\ a_{21} & a_{22} & \cdots & a_{2n} \\ \vdots & \vdots & & \vdots \\ a_{m1} & a_{m2} & \cdots & a_{mn} \end{pmatrix}$$

を基底 $\{\boldsymbol{v}_1, \boldsymbol{v}_2, \cdots, \boldsymbol{v}_n\}, \{\boldsymbol{w}_1, \boldsymbol{w}_2, \cdots, \boldsymbol{w}_m\}$ **に関する** T **の表現行列**と呼ぶ．表現行列は各基底の組に対してただ 1 通りに定まる．上の等式は次のように書き直せることに注意する．

$$(T(\boldsymbol{v}_1)\ T(\boldsymbol{v}_2)\ \cdots\ T(\boldsymbol{v}_n)) = (\boldsymbol{w}_1\ \boldsymbol{w}_2\ \cdots\ \boldsymbol{w}_m)A$$

$\mathbb{V}$ の任意のベクトル $\boldsymbol{x} = x_1\boldsymbol{v}_1 + x_2\boldsymbol{v}_2 + \cdots + x_n\boldsymbol{v}_n$ に対し

$$\begin{aligned} T(\boldsymbol{x}) &= x_1T(\boldsymbol{v}_1) + x_2T(\boldsymbol{v}_2) + \cdots + x_nT(\boldsymbol{v}_n) \\ &= (T(\boldsymbol{v}_1)\ T(\boldsymbol{v}_2)\ \cdots\ T(\boldsymbol{v}_n)) \begin{pmatrix} x_1 \\ x_2 \\ \vdots \\ x_n \end{pmatrix} \end{aligned}$$

$$= (\boldsymbol{w}_1\ \boldsymbol{w}_2\ \cdots\ \boldsymbol{w}_m)A\begin{pmatrix} x_1 \\ x_2 \\ \vdots \\ x_n \end{pmatrix}$$

が成立する．つまり基底 $\{\boldsymbol{v}_1, \boldsymbol{v}_2, \cdots, \boldsymbol{v}_n\}, \{\boldsymbol{w}_1, \boldsymbol{w}_2, \cdots, \boldsymbol{w}_m\}$ に対し，$\boldsymbol{x}$ と $T(\boldsymbol{x})$ はそれぞれ

$$\begin{pmatrix} x_1 \\ x_2 \\ \vdots \\ x_n \end{pmatrix}, \quad A\begin{pmatrix} x_1 \\ x_2 \\ \vdots \\ x_n \end{pmatrix}$$

に対応する．

例 7.2.2　例 7.1.2 の線形写像 $T_A : \mathbb{R}^n \longrightarrow \mathbb{R}^m$, $T_A(\boldsymbol{x}) = A\boldsymbol{x}$ $(\boldsymbol{x} \in \mathbb{R}^n)$ に対し，A は標準基底 $\{\boldsymbol{e}_1, \boldsymbol{e}_2, \cdots, \boldsymbol{e}_n\}, \{\boldsymbol{e}'_1, \boldsymbol{e}'_2, \cdots, \boldsymbol{e}'_m\}$ に関する表現行列である．

定理 7.2.3　線形写像 $T_1 : \mathbb{U} \longrightarrow \mathbb{V}$ の $\mathbb{U}$ の基底 $\{\boldsymbol{u}_1, \boldsymbol{u}_2, \cdots, \boldsymbol{u}_l\}$, $\mathbb{V}$ の基底 $\{\boldsymbol{v}_1, \boldsymbol{v}_2, \cdots, \boldsymbol{v}_m\}$ に関する表現行列を A_1，$T_2 : \mathbb{V} \longrightarrow \mathbb{W}$ の $\mathbb{V}$ の基底 $\{\boldsymbol{v}_1, \boldsymbol{v}_2, \cdots, \boldsymbol{v}_m\}$, $\mathbb{W}$ の基底 $\{\boldsymbol{w}_1, \boldsymbol{w}_2, \cdots, \boldsymbol{w}_n\}$ に関する表現行列を A_2 とする．このとき，行列 A_2A_1 は基底 $\{\boldsymbol{u}_1, \boldsymbol{u}_2, \cdots, \boldsymbol{u}_l\}, \{\boldsymbol{w}_1, \boldsymbol{w}_2, \cdots, \boldsymbol{w}_n\}$ に関する $T_2 \circ T_1$ の表現行列となる．

証明　仮定より

$$(T_1(\boldsymbol{u}_1)\ T_1(\boldsymbol{u}_2)\ \cdots\ T_1(\boldsymbol{u}_l)) = (\boldsymbol{v}_1\ \boldsymbol{v}_2\ \cdots\ \boldsymbol{v}_m)A_1$$
$$(T_2(\boldsymbol{v}_1)\ T_2(\boldsymbol{v}_2)\ \cdots\ T_2(\boldsymbol{v}_m)) = (\boldsymbol{w}_1\ \boldsymbol{w}_2\ \cdots\ \boldsymbol{w}_n)A_2$$

$A_1 = (a_{ij})$ とすると

$$\begin{aligned} T_1(\boldsymbol{u}_1) &= a_{11}\boldsymbol{v}_1 + a_{21}\boldsymbol{v}_2 + \cdots + a_{m1}\boldsymbol{v}_m \\ T_1(\boldsymbol{u}_2) &= a_{12}\boldsymbol{v}_1 + a_{22}\boldsymbol{v}_2 + \cdots + a_{m2}\boldsymbol{v}_m \\ &\vdots \\ T_1(\boldsymbol{u}_l) &= a_{1l}\boldsymbol{v}_1 + a_{2l}\boldsymbol{v}_2 + \cdots + a_{ml}\boldsymbol{v}_m \end{aligned}$$

なので

$$\begin{aligned} T_2(T_1(\boldsymbol{u}_1)) &= a_{11}T_2(\boldsymbol{v}_1) + a_{21}T_2(\boldsymbol{v}_2) + \cdots + a_{m1}T_2(\boldsymbol{v}_m) \\ T_2(T_1(\boldsymbol{u}_2)) &= a_{12}T_2(\boldsymbol{v}_1) + a_{22}T_2(\boldsymbol{v}_2) + \cdots + a_{m2}T_2(\boldsymbol{v}_m) \\ &\vdots \\ T_2(T_1(\boldsymbol{u}_l)) &= a_{1l}T_2(\boldsymbol{v}_1) + a_{2l}T_2(\boldsymbol{v}_2) + \cdots + a_{ml}T_2(\boldsymbol{v}_m) \end{aligned}$$

したがって,

$$\begin{aligned} (T_2(T_1(\boldsymbol{u}_1))\ T_2(T_1(\boldsymbol{u}_2))\ \cdots\ T_2(T_1(\boldsymbol{u}_l))) &= (T_2(\boldsymbol{v}_1)\ T_2(\boldsymbol{v}_2)\ \cdots\ T_2(\boldsymbol{v}_m))A_1 \\ &= (\boldsymbol{w}_1\ \boldsymbol{w}_2\ \cdots\ \boldsymbol{w}_n)A_2A_1 \qquad \square \end{aligned}$$

定義 7.2.4 (基底の変換行列) ベクトル空間 $\mathbb{V}$ に対し, 線形写像 $I_{\mathbb{V}} : \mathbb{V} \longrightarrow \mathbb{V}$, $I_{\mathbb{V}}(\boldsymbol{x}) = \boldsymbol{x}$ を**恒等写像**と呼ぶ. $\mathbb{V}$ の 2 つの基底 $\{\boldsymbol{u}_1, \boldsymbol{u}_2, \cdots, \boldsymbol{u}_n\}$, $\{\boldsymbol{v}_1, \boldsymbol{v}_2, \cdots, \boldsymbol{v}_n\}$ に関する $I_{\mathbb{V}}$ の表現行列を**基底の変換行列**と呼ぶ. 基底の変換行列は正則行列になる.

系 7.2.5 線形写像 $T : \mathbb{V} \longrightarrow \mathbb{W}$ の基底 $\{\boldsymbol{v}_1, \boldsymbol{v}_2, \cdots, \boldsymbol{v}_n\}, \{\boldsymbol{w}_1, \boldsymbol{w}_2, \cdots, \boldsymbol{w}_m\}$ に関する表現行列を A, 基底 $\{\boldsymbol{v}'_1, \boldsymbol{v}'_2, \cdots, \boldsymbol{v}'_n\}, \{\boldsymbol{w}'_1, \boldsymbol{w}'_2, \cdots, \boldsymbol{w}'_m\}$ に関する表現行列を B, 基底 $\{\boldsymbol{v}'_1, \boldsymbol{v}'_2, \cdots, \boldsymbol{v}'_n\}, \{\boldsymbol{v}_1, \boldsymbol{v}_2, \cdots, \boldsymbol{v}_n\}$ の変換行列を P, 基底 $\{\boldsymbol{w}'_1, \boldsymbol{w}'_2, \cdots, \boldsymbol{w}'_m\}, \{\boldsymbol{w}_1, \boldsymbol{w}_2, \cdots, \boldsymbol{w}_m\}$ の変換行列を Q とすると, 以下が成立する.

$$B = Q^{-1}AP$$

証明 仮定より

$$(\boldsymbol{w}_1\ \boldsymbol{w}_2\ \cdots\ \boldsymbol{w}_n) = (\boldsymbol{w}'_1\ \boldsymbol{w}'_2\ \cdots\ \boldsymbol{w}'_n)Q$$

なので

$$(\boldsymbol{w}'_1\ \boldsymbol{w}'_2\ \cdots\ \boldsymbol{w}'_n)Q^{-1} = (\boldsymbol{w}_1\ \boldsymbol{w}_2\ \cdots\ \boldsymbol{w}_n)$$

つまり，恒等写像 $I_{\mathbb{W}} : \mathbb{W} \longrightarrow \mathbb{W}$ の基底 $\{\boldsymbol{w}_1, \boldsymbol{w}_2, \cdots, \boldsymbol{w}_n\}, \{\boldsymbol{w}'_1, \boldsymbol{w}'_2, \cdots, \boldsymbol{w}'_n\}$ に関する表現行列は Q^{-1} で得られる．したがって定理 7.2.3 より結論が導かれる．

$$\begin{array}{ccc}
\mathbb{V}, \{\boldsymbol{v}_1, \boldsymbol{v}_2, \cdots, \boldsymbol{v}_n\} & \overset{A}{\longrightarrow} & \mathbb{W}, \{\boldsymbol{w}_1, \boldsymbol{w}_2, \cdots, \boldsymbol{w}_m\} \\
P \uparrow & & \downarrow Q^{-1} \\
\mathbb{V}, \{\boldsymbol{v}'_1, \boldsymbol{v}'_2, \cdots, \boldsymbol{v}'_n\} & \overset{B}{\longrightarrow} & \mathbb{W}, \{\boldsymbol{w}'_1, \boldsymbol{w}'_2, \cdots, \boldsymbol{w}'_m\}
\end{array}$$

□

例題 7.2.6 線形写像 $T : \mathbb{R}^3 \longrightarrow \mathbb{R}^2$ を

$$T(\boldsymbol{x}) = \begin{pmatrix} 2 & 4 & 1 \\ 1 & -1 & 0 \end{pmatrix} \boldsymbol{x} \qquad (\boldsymbol{x} \in \mathbb{R}^3)$$

で定義したとき，$\mathbb{R}^3$ と $\mathbb{R}^2$ の以下の基底に関する T の表現行列を求めよ．

$$\mathbb{R}^3 \text{ の基底} \left\{ \boldsymbol{a}_1 = \begin{pmatrix} 1 \\ 0 \\ 3 \end{pmatrix},\ \boldsymbol{a}_2 = \begin{pmatrix} 0 \\ 1 \\ 1 \end{pmatrix},\ \boldsymbol{a}_3 = \begin{pmatrix} 1 \\ 0 \\ 1 \end{pmatrix} \right\}$$

$$\mathbb{R}^2 \text{ の基底} \left\{ \boldsymbol{b}_1 = \begin{pmatrix} 1 \\ 1 \end{pmatrix},\ \boldsymbol{b}_2 = \begin{pmatrix} 2 \\ 3 \end{pmatrix} \right\}$$

解答 $\mathbb{R}^3$ の標準基底 $\{\boldsymbol{e}_1, \boldsymbol{e}_2, \boldsymbol{e}_3\}$, $\mathbb{R}^2$ の標準基底 $\{\boldsymbol{e}'_1, \boldsymbol{e}'_2\}$ に関する T の表現行列は

$$A = \begin{pmatrix} 2 & 0 & 1 \\ 1 & -1 & 0 \end{pmatrix}$$

である (例 7.2.2)．基底 $\{\boldsymbol{a}_1, \boldsymbol{a}_2, \boldsymbol{a}_3\}$, $\{\boldsymbol{e}_1, \boldsymbol{e}_2, \boldsymbol{e}_3\}$ の変換行列を P，基底 $\{\boldsymbol{b}_1, \boldsymbol{b}_2\}$, $\{\boldsymbol{e}'_1, \boldsymbol{e}'_2\}$ の変換行列を Q とすると

$$(\boldsymbol{a}_1\ \boldsymbol{a}_2\ \boldsymbol{a}_3) = (\boldsymbol{e}_1\ \boldsymbol{e}_2\ \boldsymbol{e}_3)P = P, \qquad (\boldsymbol{b}_1\ \boldsymbol{b}_2) = (\boldsymbol{e}'_1\ \boldsymbol{e}'_2)Q = Q$$

したがって

$$P = \begin{pmatrix} 1 & 0 & 1 \\ 0 & 1 & 0 \\ 3 & 1 & 1 \end{pmatrix}, \quad Q = \begin{pmatrix} 1 & 2 \\ 1 & 3 \end{pmatrix}$$

求める表現行列を B とすると，系 7.2.5 より

$$\begin{aligned} B &= Q^{-1}AP \\ &= \begin{pmatrix} 1 & 2 \\ 1 & 3 \end{pmatrix}^{-1} \begin{pmatrix} 2 & 0 & 1 \\ 1 & -1 & 0 \end{pmatrix} \begin{pmatrix} 1 & 0 & 1 \\ 0 & 1 & 0 \\ 3 & 1 & 1 \end{pmatrix} \\ &= \begin{pmatrix} 13 & 5 & 7 \\ -4 & -2 & -2 \end{pmatrix} \end{aligned}$$

$$\begin{array}{ccc} \mathbb{R}^3, \{\boldsymbol{e}_1, \boldsymbol{e}_2, \boldsymbol{e}_3\} & \overset{A}{\longrightarrow} & \mathbb{R}^2, \{\boldsymbol{e}'_1, \boldsymbol{e}'_2\} \\ P \uparrow & & \downarrow Q^{-1} \\ \mathbb{R}^3, \{\boldsymbol{a}_1, \boldsymbol{a}_2, \boldsymbol{a}_3\} & \overset{B}{\longrightarrow} & \mathbb{R}^2, \{\boldsymbol{b}_1, \boldsymbol{b}_2\} \end{array}$$

□

7.3 固有値，固有ベクトルと行列の対角化

定義 7.3.1 (**線形変換**)　ベクトル空間 $\mathbb{V}$ から $\mathbb{V}$ 自身への線形写像を特に**線形変換**と呼ぶ．

この節では線形変換のみを扱う．ベクトル空間 $\mathbb{V}$ の基底 $\{\boldsymbol{v}_1, \boldsymbol{v}_2, \cdots, \boldsymbol{v}_n\}$ と線形変換 $T : \mathbb{V} \longrightarrow \mathbb{V}$ に対し，T の $\{\boldsymbol{v}_1, \boldsymbol{v}_2, \cdots, \boldsymbol{v}_n\}, \{\boldsymbol{v}_1, \boldsymbol{v}_2, \cdots, \boldsymbol{v}_n\}$ に関す

る表現行列を T の $\{\boldsymbol{v}_1, \boldsymbol{v}_2, \cdots, \boldsymbol{v}_n\}$ に関する**表現行列**と呼ぶことにする.

定義 7.3.2 (固有値, 固有ベクトル, 固有空間) 線形変換 $T : \mathbb{V} \longrightarrow \mathbb{V}$ に対し, ベクトル $\boldsymbol{v}(\neq \boldsymbol{0})$ と実数 λ が存在し

$$T(\boldsymbol{v}) = \lambda \boldsymbol{v}$$

を満たすとき, λ を T の**固有値**, $\boldsymbol{v}$ を T の (λ に属する) **固有ベクトル**と呼ぶ. 固有値 λ に対し

$$W(\lambda\,;T) = \{\boldsymbol{v} \in V \mid T(\boldsymbol{v}) = \lambda \boldsymbol{v}\}$$

は $\mathbb{V}$ の部分空間になる. これを λ の**固有空間**と呼ぶ.

定理 7.3.3 線形変換 $T : \mathbb{V} \longrightarrow \mathbb{V}$ の異なる固有値 $\lambda_1, \lambda_2, \cdots, \lambda_r$ に対し, $W(\lambda_i\,;\,T)$ の基底 $\{\boldsymbol{v}_{i1}, \boldsymbol{v}_{i2}, \cdots, \boldsymbol{v}_{il_i}\}$ の和集合

$$\{\boldsymbol{v}_{11}, \boldsymbol{v}_{12}, \cdots, \boldsymbol{v}_{1l_1}, \boldsymbol{v}_{21}, \boldsymbol{v}_{22}, \cdots, \boldsymbol{v}_{2l_2}, \cdots\cdots, \boldsymbol{v}_{r1}, \boldsymbol{v}_{r2}, \cdots, \boldsymbol{v}_{rl_r}\}$$

は 1 次独立である.

証明 $W(\lambda_i\,;T)$ の基底の和集合が 1 次独立でないと仮定する. $W(\lambda_1\,;T)$ の基底 $\{\boldsymbol{v}_{11}, \boldsymbol{v}_{12}, \cdots, \boldsymbol{v}_{1l_1}\}$ は 1 次独立なので, ある自然数 $n(\leq r-1)$ が存在して次の (1), (2) を満たす.

(1) $W(\lambda_1\,;T), \cdots, W(\lambda_n\,;T)$ の基底の和集合は 1 次独立.

(2) $W(\lambda_1\,;T), \cdots, W(\lambda_n\,;T), W(\lambda_{n+1}\,;T)$ の基底の和集合は 1 次従属.

条件 (2) より, 連立 1 次方程式

$$\begin{aligned} x_{11}\boldsymbol{v}_{11} + \cdots + x_{1l_1}\boldsymbol{v}_{1l_1} + \cdots\cdots + x_{n1}\boldsymbol{v}_{n1} + \cdots + x_{nl_n}\boldsymbol{v}_{nl_n} \\ + x_{(n+1)1}\boldsymbol{v}_{(n+1)1} + \cdots + x_{(n+1)l_{n+1}}\boldsymbol{v}_{(n+1)l_{n+1}} = \boldsymbol{0} \end{aligned}$$

は非自明解 $x_{ij} = c_{ij}(i = 1, 2, \cdots, n+1,\ j = 1, 2, \cdots, l_i)$ をもつ. そこで

$$\begin{aligned} \boldsymbol{c}_1 &= c_{11}\boldsymbol{v}_{11} + \cdots + c_{1l_1}\boldsymbol{v}_{1l_1} \\ &\vdots \\ \boldsymbol{c}_n &= c_{n1}\boldsymbol{v}_{n1} + \cdots + c_{nl_n}\boldsymbol{v}_{nl_n} \\ \boldsymbol{c}_{n+1} &= c_{(n+1)1}\boldsymbol{v}_{(n+1)1} + \cdots + c_{(n+1)l_{n+1}}\boldsymbol{v}_{(n+1)l_{n+1}} \end{aligned}$$

とおくと，これらのベクトルの作り方より $(\boldsymbol{c}_1\ \cdots\ \boldsymbol{c}_n\ \boldsymbol{c}_{n+1}) \neq (\mathbf{0}\ \cdots\ \mathbf{0}\ \mathbf{0})$. また明らかに

$$\boldsymbol{c}_1 + \cdots + \boldsymbol{c}_n + \boldsymbol{c}_{n+1} = \mathbf{0}$$

この式に λ_{n+1} を掛けると

$$\lambda_{n+1}\boldsymbol{c}_1 + \cdots + \lambda_{n+1}\boldsymbol{c}_n + \lambda_{n+1}\boldsymbol{c}_{n+1} = \mathbf{0}$$

また $\boldsymbol{c}_i \in W(\lambda_i\,;T)$ より $T(\boldsymbol{c}_i) = \lambda_i\boldsymbol{c}_i$ なので

$$T(\boldsymbol{c}_1 + \cdots + \boldsymbol{c}_n + \boldsymbol{c}_{n+1}) = \lambda_1\boldsymbol{c}_1 + \cdots + \lambda_n\boldsymbol{c}_n + \lambda_{n+1}\boldsymbol{c}_{n+1} = \mathbf{0}$$

したがって

$$(\lambda_{n+1} - \lambda_1)\boldsymbol{c}_1 + \cdots + (\lambda_{n+1} - \lambda_n)\boldsymbol{c}_n = \mathbf{0}$$

条件 (1) より，$W(\lambda_1\,;T), \cdots, W(\lambda_n\,;T)$ の基底の和集合は 1 次独立なので

$$\begin{aligned} &(\lambda_{n+1} - \lambda_n)c_{11} = \cdots = (\lambda_{n+1} - \lambda_1)c_{1l_1} = \\ &\qquad \cdots\cdots = (\lambda_{n+1} - \lambda_n)c_{1n} = \cdots = (\lambda_{n+1} - \lambda_n)c_{nl_n} = 0 \end{aligned}$$

また $\lambda_1 \neq \lambda_{n+1}, \cdots, \lambda_n \neq \lambda_{n+1}$ なので

$$c_{11} = \cdots = c_{1l_1} = \cdots\cdots = c_{n1} = \cdots = c_{nl_n} = 0$$

つまり $\boldsymbol{c}_1 = \boldsymbol{c}_2 = \cdots = \boldsymbol{c}_n = \mathbf{0}$. さらに $\boldsymbol{c}_1 + \cdots + \boldsymbol{c}_n + \boldsymbol{c}_{n+1} = \mathbf{0}$ なので $\boldsymbol{c}_{n+1} = \mathbf{0}$ となるが，これは $(\boldsymbol{c}_1\ \cdots\ \boldsymbol{c}_n\ \boldsymbol{c}_{n+1}) \neq (\mathbf{0}\ \cdots\ \mathbf{0}\ \mathbf{0})$ に矛盾する． □

定理 7.3.3 より，線形変換 $T : \mathbb{V} \longrightarrow \mathbb{V}$ の異なる固有値 $\lambda_1, \lambda_2, \cdots, \lambda_r$ に対

し，$W(\lambda_i\,;T)$ の基底 $\{\boldsymbol{v}_{i1}, \boldsymbol{v}_{i2}, \cdots, \boldsymbol{v}_{il_i}\}$ の和集合は 1 次独立なので，

$$\dim(\mathbb{V}) \geq \dim(W(\lambda_1\,;T)) + \dim(W(\lambda_2\,;T)) + \cdots + \dim(W(\lambda_r\,;T))$$

が成立する．等号が成立するとき，この和集合は $\mathbb{V}$ の基底になる．さらに

$$\begin{aligned}&(T(\boldsymbol{v}_{11})\ T(\boldsymbol{v}_{12})\ \cdots\ T(\boldsymbol{v}_{1l_1})\ \cdots\cdots\ T(\boldsymbol{v}_{r1})\ T(\boldsymbol{v}_{r2})\ \cdots\ T(\boldsymbol{v}_{rl_r}))\\ &= (\lambda_1\boldsymbol{v}_{11}\ \lambda_1\boldsymbol{v}_{12}\ \cdots\ \lambda_1\boldsymbol{v}_{1l_1}\ \cdots\cdots\ \lambda_r\boldsymbol{v}_{r1}\ \lambda_r\boldsymbol{v}_{r2}\ \cdots\ \lambda_r\boldsymbol{v}_{rl_r})\end{aligned}$$

なので，この基底に関する T の表現行列は l_1 個の λ_1，l_2 個の $\lambda_2, \cdots, l_r$ 個の λ_r が対角線上に並んだ対角行列

$$\begin{pmatrix} \lambda_1 & 0 & \cdots & \cdots & \cdots & \cdots & 0 \\ 0 & \ddots & \ddots & & & & \vdots \\ \vdots & \ddots & \lambda_1 & \ddots & & & \vdots \\ \vdots & & \ddots & \ddots & \ddots & & \vdots \\ \vdots & & & \ddots & \lambda_r & \ddots & \vdots \\ \vdots & & & & \ddots & \ddots & 0 \\ 0 & \cdots & \cdots & \cdots & \cdots & 0 & \lambda_r \end{pmatrix}$$

になる．したがって以下の定理を得る．

定理 7.3.4 線形変換 $T : \mathbb{V} \longrightarrow \mathbb{V}$ の異なる固有値 $\lambda_1, \lambda_2, \cdots, \lambda_r$ に対し

$$\dim(\mathbb{V}) = \dim(W(\lambda_1\,;T)) + \dim(W(\lambda_2\,;T)) + \cdots + \dim(W(\lambda_r\,;T))$$

が成立するとする．このとき $W(\lambda_i\,;T)$ の基底の和集合は $\mathbb{V}$ の基底になり，この基底に関する T の表現行列は，固有値が対角線上に並んだ対角行列になる． □

定理 7.3.4 から，線形変換は固有ベクトルの集合を基底としてとることができれば，対角行列という "綺麗な" 行列を表現行列にもつことがわかる．以下では，行列 A で定義される線形変換 $T_A : \mathbb{R}^n \longrightarrow \mathbb{R}^n$ の固有値，固有ベクトル，

固有空間の求め方を考察する．

定理 7.3.5 n 次正方行列 A で定義される線形変換 $T_A : \mathbb{R}^n \longrightarrow \mathbb{R}^n$, $T_A(\boldsymbol{x}) = A\boldsymbol{x}$ $(\boldsymbol{x} \in \mathbb{R}^n)$ と，実数 λ に対し，以下が成立する．

$$\lambda \text{ が } T_A \text{ の固有値} \iff \operatorname{rank}(\lambda E - A) < n$$

証明 $\Rightarrow$) 固有値 λ の固有ベクトルを $\boldsymbol{v}$ とすると $T_A(\boldsymbol{v}) = \lambda\boldsymbol{v}$ より $A\boldsymbol{v} = \lambda\boldsymbol{v}$. ここで $\lambda\boldsymbol{v} = \lambda E\boldsymbol{v}$ なので，$\boldsymbol{v}$ は連立 1 次方程式

$$(\lambda E - A)\boldsymbol{x} = \boldsymbol{0}$$

の自明でない解となり，定理 3.4.3 より $\operatorname{rank}(\lambda E - A) < n$.

$\Leftarrow$) 定理 3.4.3 より $\operatorname{rank}(\lambda E - A) < n$ ならば連立 1 次方程式

$$(\lambda E - A)\boldsymbol{x} = \boldsymbol{0}$$

は非自明な解 $\boldsymbol{v}$ をもつ．つまり

$$T_A(\boldsymbol{v}) = A\boldsymbol{v} = \lambda E\boldsymbol{v} = \lambda\boldsymbol{v}$$

となり λ が固有値であることになる． □

例題 7.3.6 行列

$$A = \begin{pmatrix} 5 & 6 & 0 \\ -1 & 0 & 0 \\ 1 & 2 & 2 \end{pmatrix}$$

で定義される線形変換 $T_A : \mathbb{R}^3 \longrightarrow \mathbb{R}^3$ に対し，T_A の固有値をすべて求め，各固有値に関する固有空間を求めよ．

解答 行列

$$xE - A = \begin{pmatrix} x-5 & -6 & 0 \\ 1 & x & 0 \\ -1 & -2 & x-2 \end{pmatrix}$$

を基本変形を用いて変形すると

$$\to \begin{pmatrix} 0 & -(x-2)(x-3) & 0 \\ 1 & x & 0 \\ 0 & x-2 & x-2 \end{pmatrix} \to \begin{pmatrix} 1 & x & 0 \\ 0 & x-2 & x-2 \\ 0 & (x-2)(x-3) & 0 \end{pmatrix}$$

を得る．ここで

$$x = 2 \Rightarrow \mathrm{rank} \begin{pmatrix} 1 & x & 0 \\ 0 & x-2 & x-2 \\ 0 & (x-2)(x-3) & 0 \end{pmatrix} = \begin{pmatrix} 1 & 2 & 0 \\ 0 & 0 & 0 \\ 0 & 0 & 0 \end{pmatrix} = 1 < 3$$

なので，定理 7.3.5 より 2 は T_A の固有値である．そこで $x \neq 2$ と仮定してさらに変形すると，

$$\to \begin{pmatrix} 1 & x & 0 \\ 0 & 1 & 1 \\ 0 & x-3 & 0 \end{pmatrix} \to \begin{pmatrix} 1 & 0 & -x \\ 0 & 1 & 1 \\ 0 & 0 & -x+3 \end{pmatrix}$$

を得る．

$$x = 3 \Rightarrow \mathrm{rank} \begin{pmatrix} 1 & 0 & -x \\ 0 & 1 & 1 \\ 0 & 0 & -x+3 \end{pmatrix} = \mathrm{rank} \begin{pmatrix} 1 & 0 & -3 \\ 0 & 1 & 1 \\ 0 & 0 & 0 \end{pmatrix} = 2 < 3$$

なので，定理 7.3.5 より 3 は T_A の固有値である．そこで $x \neq 3$ とすると，この行列は単位行列に簡約化できる．したがって，T_A の固有値は $\lambda = 2, 3$ のみである．

次に固有空間をもとめる．

$$W(\lambda\,; T_A) = \{\boldsymbol{x} \mid A\boldsymbol{x} = \lambda\boldsymbol{x}\} = \{\boldsymbol{x} \mid (\lambda E - A)\boldsymbol{x} = \boldsymbol{0}\}$$

なので，固有空間 $W(\lambda\,; T_A)$ は連立 1 次方程式 $(\lambda E - A)\boldsymbol{x} = \boldsymbol{0}$ の解空間である．したがって，前章の例題 6.4.7 と同様の議論により以下を得る．

$$W(2\,;T_A) = \left\{ c_1 \begin{pmatrix} -2 \\ 1 \\ 0 \end{pmatrix} + c_2 \begin{pmatrix} 0 \\ 0 \\ 1 \end{pmatrix} \middle| \, c_1, c_2 \in \mathbb{R} \right\}$$

$$W(3\,;T_A) = \left\{ c \begin{pmatrix} 3 \\ -1 \\ 1 \end{pmatrix} \middle| \, c \in \mathbb{R} \right\}$$

□

例 7.3.7 上の例題において

$$\dim \mathbb{R}^3 = 3 = \dim(W(2\,;T_A)) + \dim(W(2\,;T_A))$$

なので，定理 7.3.4 から，$W(2\,;T_A)$ の基底と $W(3\,;T_A)$ の基底の和集合

$$\left\{ \boldsymbol{v}_1 = \begin{pmatrix} -2 \\ 1 \\ 0 \end{pmatrix},\ \boldsymbol{v}_2 = \begin{pmatrix} 0 \\ 0 \\ 1 \end{pmatrix},\ \boldsymbol{v}_3 = \begin{pmatrix} 3 \\ -1 \\ 1 \end{pmatrix} \right\}$$

に関する T_A の表現行列は

$$B = \begin{pmatrix} 2 & 0 & 0 \\ 0 & 2 & 0 \\ 0 & 0 & 3 \end{pmatrix}$$

になる．基底 $\{\boldsymbol{v}_1, \boldsymbol{v}_2, \boldsymbol{v}_3\}$，標準基底 $\{\boldsymbol{e}_1, \boldsymbol{e}_2, \boldsymbol{e}_3\}$ の変換行列は $(\boldsymbol{v}_1\ \boldsymbol{v}_2\ \boldsymbol{v}_3)$ となるので，系 7.2.5 より

$$B = (\boldsymbol{v}_1\ \boldsymbol{v}_2\ \boldsymbol{v}_3)^{-1} A (\boldsymbol{v}_1\ \boldsymbol{v}_2\ \boldsymbol{v}_3)$$

を得る．

定義 7.3.8 (対角化) 正方行列 A に対して，正則行列 P が存在して $P^{-1}AP$ が対角行列になるとき，A は**対角化可能**であるという．対角化可能な行列に対し，$B = P^{-1}AP$ が対角行列となる正則行列 P と対角行列 B を求めることを

A の**対角化**という．

正方行列が対角化可能か否かの必要十分条件は以下で与えられる．

定理 7.3.9 n 次正方行列 A で定義される線形変換 $T_A : \mathbb{R}^n \longrightarrow \mathbb{R}^n$ の異なる固有値の全体を $\lambda_1, \lambda_2, \cdots, \lambda_r$ とする．このとき以下が成立する．

$$A \text{ が対角化可能である} \Leftrightarrow$$
$$n = \dim(W(\lambda_1\,;T_A)) + \dim(W(\lambda_2\,;T_A)) + \cdots + \dim(W(\lambda_r\,;T_A))$$

証明 例 7.3.7 でみたように系 7.2.5 と定理 7.3.4 から "$\Leftarrow$" が得られる．以下 "$\Rightarrow$" を示す．$P^{-1}AP$ が対角行列になる正則行列 P が存在するとする．

$$P = (\boldsymbol{p}_1\ \boldsymbol{p}_2\ \cdots\ \boldsymbol{p}_n), \quad P^{-1}AP = \begin{pmatrix} b_1 & 0 & \dots & 0 \\ 0 & b_2 & \ddots & \vdots \\ \vdots & \ddots & \ddots & 0 \\ 0 & \dots & 0 & b_n \end{pmatrix}$$

とおくと，

$$\begin{aligned}(A\boldsymbol{p}_1\ A\boldsymbol{p}_2\ \cdots\ A\boldsymbol{p}_n) &= AP \\ &= P(P^{-1}AP) \\ &= (\boldsymbol{p}_1\ \boldsymbol{p}_2\ \cdots\ \boldsymbol{p}_n)\begin{pmatrix} b_1 & 0 & \dots & 0 \\ 0 & b_2 & \ddots & \vdots \\ \vdots & \ddots & \ddots & 0 \\ 0 & \dots & 0 & b_n \end{pmatrix} \\ &= (b_1\boldsymbol{p}_1\ b_2\boldsymbol{p}_2\ \cdots\ b_n\boldsymbol{p}_n)\end{aligned}$$

したがって，$\boldsymbol{p}_1, \boldsymbol{p}_2, \cdots, \boldsymbol{p}_n$ は固有ベクトルである．P が正則であることから

$$\dim(\langle \boldsymbol{p}_1, \boldsymbol{p}_2, \cdots, \boldsymbol{p}_n \rangle) = n$$

ここで $\boldsymbol{p}_1, \boldsymbol{p}_2, \cdots, \boldsymbol{p}_n$ は固有ベクトルなので

$$n \leq \dim(W(\lambda_1\,;T_A)) + \dim(W(\lambda_2\,;T_A)) + \cdots + \dim(W(\lambda_r\,;T_A))$$

一方

$$n \geq \dim(W(\lambda_1\,;T_A)) + \dim(W(\lambda_2\,;T_A)) + \cdots + \dim(W(\lambda_r\,;T_A))$$

なので結論を得る. □

練 習 問 題

7.1 例 7.1.3 の $T_2 \circ T_1$ が線形写像であることを示せ.

7.2 命題 7.1.5 を証明せよ.

7.3 次の (1),(2),(3) の各線形写像 T について $\ker(T)$, $\mathrm{im}(T)$ の 1 組の基底をそれぞれ求めよ.

$$(1)\ T : \mathbb{R}^4 \longrightarrow \mathbb{R}^3, \quad T(\boldsymbol{x}) = \begin{pmatrix} 1 & 2 & 1 & 0 \\ 2 & 4 & 3 & 1 \\ 0 & 0 & 1 & 1 \end{pmatrix} \boldsymbol{x}$$

$$(2)\ T : \mathbb{R}^5 \longrightarrow \mathbb{R}^4, \quad T(\boldsymbol{x}) = \begin{pmatrix} 1 & -1 & 2 & 1 & 1 \\ 1 & -2 & 1 & 0 & 1 \\ -2 & 4 & -2 & 0 & 2 \\ 1 & -2 & 1 & 0 & 0 \end{pmatrix} \boldsymbol{x}$$

$$(3)\ T : \mathbb{R}^5 \longrightarrow \mathbb{R}^4, \quad T(\boldsymbol{x}) = \begin{pmatrix} 1 & -1 & 2 & -2 & 5 \\ 1 & 1 & 4 & 0 & 1 \\ 0 & 1 & 1 & 1 & 3 \\ -1 & -2 & -5 & -1 & -4 \end{pmatrix} \boldsymbol{x}$$

7.4 次の (1),(2) の各線形写像 T の与えられた基底に関する表現行列を求めよ.

$$(1)\ T : \mathbb{R}^3 \longrightarrow \mathbb{R}^2, \quad T(\boldsymbol{x}) = \begin{pmatrix} 1 & 4 & 1 \\ 1 & -1 & 3 \end{pmatrix} \boldsymbol{x}$$

$$\mathbb{R}^3 \text{ の基底} \left\{ \begin{pmatrix} 1 \\ 0 \\ 1 \end{pmatrix}, \begin{pmatrix} 1 \\ 2 \\ 2 \end{pmatrix}, \begin{pmatrix} 0 \\ 1 \\ 1 \end{pmatrix} \right\}$$

$$\mathbb{R}^2 \text{ の基底} \left\{ \begin{pmatrix} 1 \\ 2 \end{pmatrix}, \begin{pmatrix} 2 \\ 3 \end{pmatrix} \right\}$$

(2) $T : \mathbb{R}^4 \longrightarrow \mathbb{R}^3,\ T(\boldsymbol{x}) = \begin{pmatrix} 2 & 4 & 3 & 1 \\ 1 & 2 & 1 & 0 \\ 0 & -3 & 1 & 1 \end{pmatrix} \boldsymbol{x}$

$$\mathbb{R}^4 \text{ の基底} \left\{ \begin{pmatrix} 1 \\ 1 \\ 0 \\ 2 \end{pmatrix}, \begin{pmatrix} 1 \\ 0 \\ -1 \\ 0 \end{pmatrix}, \begin{pmatrix} 1 \\ 1 \\ 1 \\ 0 \end{pmatrix}, \begin{pmatrix} 1 \\ 1 \\ 1 \\ 1 \end{pmatrix} \right\}$$

$$\mathbb{R}^3 \text{ の基底} \left\{ \begin{pmatrix} 1 \\ 0 \\ 1 \end{pmatrix}, \begin{pmatrix} 0 \\ 1 \\ 0 \end{pmatrix}, \begin{pmatrix} 1 \\ 1 \\ 0 \end{pmatrix} \right\}$$

7.5　次の (1)〜(4) の各行列 A で定義される線形変換 T_A の固有値をすべて求め，各固有値に関する固有空間を求めよ．さらに A が対角化可能か否かを判定し可能ならば対角化せよ．

(1) $\begin{pmatrix} 3 & -3 & 2 \\ 5 & -4 & 2 \\ 6 & -5 & 2 \end{pmatrix}$　(2) $\begin{pmatrix} -2 & -3 & 0 \\ 2 & 4 & 1 \\ 7 & 12 & 0 \end{pmatrix}$　(3) $\begin{pmatrix} 1 & -1 & 3 \\ 3 & 2 & 2 \\ -1 & 0 & 2 \end{pmatrix}$

(4) $\begin{pmatrix} 4 & -1 & 5 \\ -1 & 1 & 0 \\ 1 & 2 & 3 \end{pmatrix}$　(5) $\begin{pmatrix} 2 & -2 & -2 \\ 0 & 1 & -1 \\ 0 & 0 & 2 \end{pmatrix}$　(6) $\begin{pmatrix} 2 & -1 & 4 \\ 0 & 1 & 4 \\ -3 & 3 & -1 \end{pmatrix}$

8

1 変数関数の微分

関数の値の変化の様子を捉えるために，微分はこのうえなく役に立つものである．

8.1 平 均 変 化 率

定義 8.1.1 関数 $f:\mathbb{R}\to\mathbb{R}$ において，次の値

$$\frac{f(x')-f(x)}{x'-x}$$

を，x から x' に変化したときの f の平均変化率という．x から x' まで変化したときという表現を用いたが，場合によっては x からある量だけ変化したときという言い方をすることがある．変化する量を h で表すとすると，x から h だけ変化したときという．x から x' に変化したときの変化量を h とすると，$h=x'-x$ である．x から h だけ変化したときの f の平均変化率は

$$\frac{f(x+h)-f(x)}{h}$$

となる．

例 8.1.2 $f:\mathbb{R}\to\mathbb{R}$, $f(x)=3x^2-4$ のとき，f の a から h だけ変化したときの平均変化率は，

$$\frac{f(a+h)-f(a)}{h}=\frac{\{3(a+h)^2-4\}-\{3a^2-4\}}{h}=\frac{3(2a+h)h}{h}=3(2a+h)$$

である．この場合 a と h に具体的な値が指定されれば，その平均変化率は具体的に計算される．例えば

- $a=3,\, h=4$ であれば，$3(2\times 3+4)=30$
- $a=3,\, h=-2$ であれば，$3(2\times 3-2)=12$

これは

- 3 から 7 へ変化するとき，平均変化率は 30
- 3 から 1 へ変化するとき，平均変化率は 12

であることを示している．このように a から h だけ変化したときの平均変化率は，a と h の値によって決まる数である．

8.2 微　　分

$f:\mathbb{R}\to\mathbb{R}$ とする．いま h が非常に小さい実数であるときを考えよう．このとき f の a から h だけ変化したときの平均変化率を表す式の中にある h に 0 を代入して得られる値があれば，その値を平均変化率の近似値として用いるというのは，無理のないことだと思われる．前の例では，
$f:\mathbb{R}\to\mathbb{R},\, f(x)=3x^2-4$ に対し，

$$\frac{f(a+h)-f(x)}{h}=6a+3h$$

だったので，h が非常に小さいとき，平均変化率の近似値として

$$6a$$

を用いたいということである．実際この場合は，h が小さければ小さいほど，平均変化率と $6a$ の差は小さい．つまり h を 0 に近づけていくと，

$$\frac{f(a+h)-f(a)}{h}$$

は $6a$ に近づいていく．このことを

$$h\to 0 \text{ のとき } \quad \frac{f(a+h)-f(a)}{h} \quad \to\ 6a$$

とか

$$\lim_{h\to 0}\frac{f(a+h)-f(a)}{h}=6a$$

と表す．このようなとき，$6a$ を

$$h \to 0 \text{ としたときの } \frac{f(a+h)-f(a)}{h} \text{ の極限}$$

という．

一般には，必ずしも上のような極限が存在するとは限らないが，存在する場合その極限を考えることは有効である．

定義 8.2.1 関数 $f:\mathbb{R}\to\mathbb{R}$ と $a\in\mathbb{R}$ に対し

$$\lim_{h\to 0}\frac{f(a+h)-f(a)}{h}$$

が存在するとき，その極限を a **における** f **の微分係数**といい，$f'(a)$ と表す．

注意 a における微分係数は，平均変化率において定義域における a からの変化の量 h を 0 に近づけた極限なので，a における瞬間的変化率を表すと考えられる．

例 8.2.2 $f:\mathbb{R}\to\mathbb{R},\ f(x)=3x^2-4$ のとき，$f'(a)=6a$

8.3 極 限 の 概 念

前節で極限という考え方を導入したが，ここで少し極限の概念について検討してみよう．例えば，関数 $f:\mathbb{R}\to\mathbb{R},\ f(x)=3x$ 対して

$$x\to 2 \text{ のとき } f(x)\to 6$$

とか

$$\lim_{x\to 2} f(x)=6$$

という言い回しをした．これは，

$$x \text{ が } 2 \text{ に近づいていくとき，} f(x) \text{ は } 6 \text{ に近づいていく}$$

とか，もう少し静的にいえば

xが2に近いとき，$f(x)$は6に近い

というような意味だった．この文章が主張していることが正しそうなことは，次のような考察によって納得されるのだろう．

$\cdots$ 例えば，$2+\frac{1}{10}, 2+\frac{1}{100}, 2+\frac{1}{1000}, 2+\frac{1}{10000}$ に対して，fの値を求めてみると，それぞれ$6+\frac{3}{10}, 6+\frac{3}{100}, 6+\frac{3}{1000}, 6+\frac{3}{10000}$ になって，確かに6とfの値の差は，$\frac{3}{10}, \frac{3}{100}, \frac{3}{1000}, \frac{3}{10000}$ と小さくなっていくようだ．$\cdots$

もちろん，直感的には上のような考察で十分満足できるものであろう．しかし，あえていえば，次のような反論も考えられる．

$\cdots$ 4つの数でfの値を計算しただけのようだが，もっと2に近い数はたくさんあるのだからそれらの数に対してもfの値を求めてみなければ本当にfの値が6に近づいていくのかわからないのではないか．$\cdots$

これに対しては，次のような言い方ができるかもしれない．

$\cdots$ いやそれでは，6に非常に近い数を何でも1つ言ってくれ．“その数” に対して，次のような “ある数” を示せますよ．

xの値が “ある数” よりも2に近ければ，$f(x)$の値は “その数” より6に近くなる．

例えば，6に非常に近い$6+\frac{3}{10000000}$ などという数を考えたとき，xの値を$2+\frac{1}{100000000}$ より2に近くすればfの値は$6+\frac{3}{10000000}$ よりも6に近いでしょう．$\cdots$

いずれにしても，**近づいていく**や**近い**などの表現に無限のプロセスが内包されていることに難しさのひとつがあるようだ．人間は実際には無限プロセスを遂行することはできないのだから．しかし，上の会話の中にひとつのアイデアの萌芽が見られるのではないだろうか．

ここで定義をする．

定義 8.3.1 定義域が実数 a を含む開区間から a を除いた集合を含む関数 f と実数 b に対して，

$$x \to a \text{ のとき } f(x) \to b$$

が成り立つとは，次のことが成り立つことである．

任意の正の実数 ε に対して，ある正の実数 δ が存在して，a を除いた任意の実数 x に対して，$|x-a| < \delta$ ならば $|f(x)-b| < \varepsilon$ となる．

注意

(1) この定義で，a を除いた a の近くの様子を気にしているのであって a 自身の f による値は不問にしている．a は必ずしも f の定義域に属さなくてもよい．

(2) このとき b を $x \to a$ における $f(x)$ の極限といい $\lim_{x \to a} f(x)$ と表す．

(3) 定義域の数を表す記号に x 以外の記号を使っても，もちろんよい．

例えば，

$$x \to a \text{ のとき } f(x) \to b$$

という文章と

$$t \to a \text{ のとき } f(t) \to b$$

という文章は同じことを言っている．

この定義で使われている論法は，ε-δ 論法という名前が付いている．
それでは，関数 $f : \mathbb{R} \to \mathbb{R}$, $f(x) = 3x$ 対して，

$$x \to 2 \text{ のとき } f(x) \to 6$$

であることを示してみよう．

ε を任意の正の数とする．それに対して δ を $\varepsilon/3$ とする．すると，2 でない実数 x に対して，$|x-2| < \delta = \varepsilon/3$ ならば，$|f(x)-6| = |3x-6| = 3|x-2| <$

$3 \cdot (\varepsilon/3) = \varepsilon$ となって示された．

例 8.3.2　次の関数 f は，どのような実数 b に対しても，$x \to 0$ のとき $f(x) \to b$ とはならない．

$$f(x) = \begin{cases} 0 & (x < 0) \\ 1 & (x > 0) \end{cases}$$

なぜなら，例えば $\varepsilon = 1/2$ とすると，$|x - 0| = |x|$ をどんな小さい値にしても

$$|f(x) - b| = \begin{cases} |1 - b| & (x > 0) \\ |b| & (x < 0) \end{cases}$$

だが，$1 \leq |b| + |1 - b|$ より $|b|$ か $|1 - b|$ のどちらか一方は $1/2$ 未満にならないからである．

ここで，後で必要となる極限に関する性質をいくつか述べておく．

定理 8.3.3

(1) 関数 $f : \mathbb{R} \to \mathbb{R}$, $g : \mathbb{R} \to \mathbb{R}$ に対して，$a, b, c \in \mathbb{R}$, $\lim_{x \to a} f(x) = b$, $\lim_{x \to a} g(x) = c$ のとき，

(a) $\lim_{x \to a} (f(x) \pm g(x)) = b \pm c$

(b) $\lim_{x \to a} f(x)g(x) = bc$

(c) $c \neq 0$ のとき，$\lim_{x \to a} \dfrac{f(x)}{g(x)} = \dfrac{b}{c}$

(2) 関数 $f : \mathbb{R} \to \mathbb{R}$, $g : \mathbb{R} \to \mathbb{R}$ に対して，$a, b, c \in \mathbb{R}$, $\lim_{x \to a} f(x) = b$, $\lim_{x \to b} g(x) = c$ のとき，$\lim_{x \to a} g \circ f(x) = c$.

証明　(1) の (a) を示しておこう (残りは練習問題).

ε を任意の正の実数とする．$\lim_{x \to a} f(x) = b$, $\lim_{x \to a} g(x) = c$ より，正の実数 δ_1, δ_2 が存在して，

$$|x - a| < \delta_1 \text{ ならば } |f(x) - b| < \frac{\varepsilon}{2}$$

$$|x - a| < \delta_2 \text{ ならば } |g(x) - c| < \frac{\varepsilon}{2}$$

となる．δ_1 と δ_2 の小さい方を δ とする．
$|x-a|<\delta$ ならば $|(f(x)\pm g(x))-(b\pm c)|=|(f(x)-b)\pm(g(x)-c)|\leq |f(x)-b|+|g(x)-c|<\varepsilon/2+\varepsilon/2=\varepsilon$ となって示された． □

8.4 関数の連続性

定義 8.3.1 の注意において，

$$\lim_{x\to a} f(x)=b$$

となるとき，これは a を除いた a の近くの数に対する f の値を気にしているのであって，a におけるの f の値は不問にしているといったが，この極限 b と $f(a)$ との関係に注目することは自然なことである．これら 2 つの値 $b, f(a)$ が等しいと期待したいところであるが，必ずしも成立しているとは限らない．そこで次の定義をする．

定義 8.4.1 関数 $f:\mathbb{R}\to\mathbb{R}$ が $a\in\mathbb{R}$ において連続であるとは，$x\to a$ としたときの $f(x)$ の極限が存在して，かつそれが a における関数の値 $f(a)$ に等しいとき，つまり

$$\lim_{x\to a} f(x)=f(a)$$

となることである．上の式は，

$$\lim_{x\to a}(f(x)-f(a))=0$$

としても同じである．任意の実数において連続となるとき，単に f は連続であるという．

例 8.4.2 (連続な関数) 高校までに習った関数は，多くのものが連続な関数であるが, 代表的な関数，多項式関数は連続であることを示そう．

$a\in\mathbb{R}$ とする．まず関数 $f:\mathbb{R}\to\mathbb{R}$, $f(x)=x^n$ が a で連続であることを示

すことは各自にまかせる．多項式関数

$$Q:\mathbb{R}\to\mathbb{R},\ Q(x)=a_0x^n+a_1x^{n-1}+\cdots+a_n$$

に対して，定理 8.3.3 により

$$\begin{aligned}\lim_{x\to a}Q(x)&=\lim_{x\to a}(a_0x^n)+\lim_{x\to a}(a_1x^{n-1})+\cdots+\lim_{x\to a}(a_n)\\&=a_0a^n+a_1a^{n-1}+\cdots+a_n=Q(a)\end{aligned}$$

となり a で連続である．

例 8.4.3 (連続でない関数)

(1) 関数 $f:\mathbb{R}\to\mathbb{R}$ を次で定義する．

$$f(x)=\begin{cases}x+1 & (x>0)\\ x-1 & (x\leq 0)\end{cases}$$

この関数は，$x\to 0$ としたときの $f(x)$ の極限が存在しないので 0 において連続でない．

(2) 関数 $f:\mathbb{R}\to\mathbb{R}$ を次で定義する．

$$f(x)=\begin{cases}x+1 & (x\neq 0)\\ 0 & (x=0)\end{cases}$$

この関数は

$$\lim_{x\to 0}f(x)=1 \quad \text{および} \quad f(0)=0$$

なので，0 において連続でない．

8.5 関数の微分可能性

関数 $f:\mathbb{R}\to\mathbb{R}$ の微分可能性の定義をしておく．

定義 8.5.1 (**微分可能性**) 関数 $f:\mathbb{R}\to\mathbb{R}$ が $a\in\mathbb{R}$ において**微分可能である**とは，

$$\lim_{h\to 0}\frac{f(a+h)-f(a)}{h}$$

が存在することである．

この式は

$$\lim_{x\to a}\frac{f(x)-f(a)}{x-a}$$

と表しても同じである．このとき，この極限の値を f の a における**微分係数**といい $f'(a)$, $Df(a)$ などと表すのであった．さらに，任意の実数において f の微分係数が存在するとき，単に**微分可能である**という．また，f が微分可能であるとき，

各 $x\in\mathbb{R}$ に対して，x における f の微分係数を対応させる関数

が考えられる．この関数を

$$f' \quad \text{とか} \quad Df$$

という記号で表し，f の**導関数**という．

関数の連続性と微分可能性とは，密接な関係がある．

定理 8.5.2 関数 $f:\mathbb{R}\to\mathbb{R}$ は，$a\in\mathbb{R}$ において微分可能であるならば，a において連続である．

証明 関数 $f:\mathbb{R}\to\mathbb{R}$ が $a\in\mathbb{R}$ において微分可能であるとは，

$$\lim_{x\to a}\frac{f(x)-f(a)}{x-a}$$

が存在するときをいい，この極限を $f'(a)$ と表した．

$$f(x)-f(a)=\frac{f(x)-f(a)}{x-a}(x-a)$$

であり，f の a における微分可能性より

$$\lim_{x\to a}\frac{f(x)-f(a)}{x-a}=f'(a)$$

また，

$$\lim_{x\to a}(x-a)=0$$

だから，定理 8.3.3 より，

$$\lim_{x\to a}(f(x)-f(a))=\lim_{x\to a}\frac{f(x)-f(a)}{x-a}\cdot\lim_{x\to a}(x-a)=f'(a)\cdot 0=0$$

となり，これは f が a で連続であることを示している． □

この定理の逆は成立しない．

例 8.5.3 (微分可能でない関数) 次の関数は，2 において連続であるが 2 において微分可能とならない．

$$f:\mathbb{R}\to\mathbb{R},\ f(x)=\mid x-2\mid+1$$

例 8.5.4 (微分可能な関数) 関数 $f:\mathbb{R}\to\mathbb{R},\ f(x)=x^n$ とする．

$$\begin{aligned}f'(x)&=\lim_{h\to 0}\frac{f(x+h)-f(x)}{h}=\lim_{h\to 0}\frac{(x+h)^n-x^n}{h}\\&=\lim_{h\to 0}\frac{h\{(x+h)^{n-1}+(x+h)^{n-2}x+\cdots+x^{n-1}\}}{h}\\&=\lim_{h\to 0}\{(x+h)^{n-1}+(x+h)^{n-2}x+\cdots+x^{n-1}\}\\&=nx^{n-1}\end{aligned}$$

微分に関するいくつかの性質をあげておく．

定理 8.5.5 $a\in\mathbb{R}$ と微分可能な 2 つの関数 $f:\mathbb{R}\to\mathbb{R}$ と $g:\mathbb{R}\to\mathbb{R}$ に対して，次の関数も微分可能で，その微分係数は，

(1) $(af)'(x)=af'(x)$

(2) $(f \pm g)'(x) = f'(x) \pm g'(x)$

(3) $(fg)'(x) = f'(x)g(x) + f(x)g'(x)$

(4) $g(x) \neq 0$ のとき，$\left(\dfrac{f}{g}\right)'(x) = \dfrac{f'(x)g(x) - f(x)g'(x)}{g^2(x)}$

(5) $(g \circ f)'(x) = g'(f(x))f'(x)$

となる． □

8.6 関数の極値

微分係数の定義から察せられるように，関数の微分係数と関数の値の変化の様子とは密接な関係がある．それを整理しよう．

定義 8.6.1 関数 $f : \mathbb{R} \to \mathbb{R}$ と $a \in \mathbb{R}$ に対し，ある $c > 0$ が存在して，任意の $x \in]a, a+c[$ に対し，

$$f(a) < f(x)$$

かつ任意の $x \in]a-c, a[$ に対し，

$$f(x) < f(a)$$

が成立するとき，f は a **において増加**しているという．

また，任意の $x \in]a, a+c[$ に対し，

$$f(a) > f(x)$$

かつ任意の $x \in]a-c, a[$ に対し，

$$f(x) > f(a)$$

が成立するとき，f は a **において減少**しているという．

次の定理が成立する．

定理 8.6.2 微分可能な関数 $f : \mathbb{R} \to \mathbb{R}$ と，$a \in \mathbb{R}$ に対し，

(1) $f'(a) > 0$ ならば，f は a において増加している．

(2) $f'(a) < 0$ ならば，f は a において減少している．

証明 (1) を示す．$f'(a) > 0$ であるから，十分 a に近い x に対し

$$\frac{f(x) - f(a)}{x - a} > 0$$

である．よって，

$$x > a \text{ ならば } f(x) > f(a)$$
$$x < a \text{ ならば } f(x) < f(a)$$ □

定義 8.6.3 関数 $f : \mathbb{R} \to \mathbb{R}$ と，$a \in \mathbb{R}$ に対し，ある $c > 0$ があって，任意の $x \in]a - c, a + c[-\{a\}$ に対し，$f(x) \leq f(a)$ が成り立つとき，f は a において**極大値** $f(a)$ をとるという．また，$f(x) \geq f(a)$ が成り立つとき，f は a において**極小値** $f(a)$ をとるという．極大値と極小値を総称して，**極値**という．

関数の極値と関数の微分係数には密接な関係がある．

定理 8.6.4 微分可能な関数 $f : \mathbb{R} \to \mathbb{R}$ が $a \in \mathbb{R}$ において，極値をとるならば，

$$f'(a) = 0$$

である．

証明 前定理より，$f'(a) > 0$ の場合も $f'(a) < 0$ の場合も f は a において極値をとれない．したがって $f'(a) = 0$ でなければならない． □

例 8.6.5 $f : \mathbb{R} \to \mathbb{R}$, $f(x) = x^3 - x$ とすると，

$$f'(x) = 3x^2 - 1 = 3\left(x - \frac{1}{\sqrt{3}}\right)\left(x + \frac{1}{\sqrt{3}}\right)$$

より，f が極値をとる可能性のあるのは $1/\sqrt{3}$ と $-1/\sqrt{3}$ においてのみである．

例 8.6.6 (応用)　ある企業がひとつの製品を生産しているとする．生産量 Q に対するコストが Q の微分可能な関数 $C(Q)$ で表されていると仮定して，この製品の価格 P が一定であるという条件のもとで，利益が最大になるような生産量はいくらにすればよいだろうか？　この場合，生産量 Q に対する利益は

$$R(Q) = PQ - C(Q)$$

と表せる．いまこの関数の Q_0 ににおける微分 $R'(Q_0)$ が正とする．十分小さな数 ΔQ に対して

$$\frac{R(Q_0 + \Delta Q) - R(Q_0)}{\Delta Q} \approx R'(Q_0) > 0^{*1)}$$

したがって，$\Delta Q > 0$ ならば

$$R(Q_0 + \Delta Q) - R(Q_0) > 0 \Rightarrow R(Q_0 + \Delta Q) > R(Q_0)$$

となるので，さらに生産量を増やすことにより，より利益が上がる．また $R'(Q_0) < 0$ ときも同様にして，生産量を減らしたほうがより利益が上がる．以上より，その生産量は $R'(Q_0) = 0$ となる Q_0 の値が候補となる．この Q_0 において

$$R'(Q_0) = P - C'(Q_0) = 0 \ \Leftrightarrow \ P = C'(Q_0)$$

ということを表しており，これは Q_0 における限界費用が価格に等しいということを意味する．

8.7　関数の近似と微分

関数 $f: \mathbb{R} \to \mathbb{R}$ に対し，f の値は定義域の数が a から $a+h$ まで変化すると $f(a+h) - f(a)$ だけ変化する．ここで，各 $h \in \mathbb{R}$ に対し，$f(a+h) - f(a)$

*1)　$A \approx B$ という表記は，A と B がほとんど同じということを意味する．

を対応させる関数を考えることができる．この関数を a の近くで 1 次関数 $g:\mathbb{R}\to\mathbb{R}, g(h)=kh$ で近似するとして，どんな k に対して最もよい近似となるかを考えよう．そのためには“最もよい近似”ということを定義しておく必要がある．ここでは，a から $a+h$ に変化するとき，h の絶対値に対する誤差の割合が小さいほどよい近似と考えよう．

1 次関数で近似したときの誤差は

$$|f(a+h)-f(a)-kh|$$

なので，よい近似であるためには

$$\frac{|f(a+h)-f(a)-kh|}{|h|}=\left|\frac{f(a+h)-f(a)}{h}-k\right|$$

の値が小さいものほどよい．ところで，f が a で微分可能ならば，h が十分小さいとき

$$\frac{f(a+h)-f(a)}{h}\approx f'(a)$$

なので，k の値が $f'(a)$ であるときがよい近似と考えられる．したがって，

$$f(a+h)-f(a)\approx f'(a)h$$

である．

例 8.7.1　$f:\mathbb{R}\to\mathbb{R}$, $f(x)=x^2-3$ に対し，定義域の数が 1 から $1+h$ に変化したときを考えよう．f の値の変化量は

$$f(1+h)-f(1)=((1+h)^2-3)-(1^2-3)=h^2+2h$$

したがって，この変化量を 1 次関数 $f'(1)h=2h$ で近似したときの誤差は

$$|h^2+2h-2h|=|h^2|=h^2$$

となり，$|h|$ が 1/100 の小ささならば，誤差は 1/10000．逆にその誤差を 1/100 以下に押さえたければ，$|h|$ は 1/10 以下の範囲でとればよいことになる．

練　習　問　題

8.1　$f : \mathbb{R} \to \mathbb{R}$, $f(x) = x^3 + x$ に対し，

(1) 1 から 3 に変化したときの平均変化率

(2) 1 から h だけ変化したときの平均変化率

を求めよ．

8.2　$f : \mathbb{R} \to \mathbb{R}$, $f(x) = x^3 + x$ に対し，次を求めよ．

(1) 1 における微分係数

(2) a における微分係数

8.3　$f : \mathbb{R} - \{1\} \to \mathbb{R}$, $f(x) = \dfrac{x^2 - 1}{x - 1}$ に対し，$\displaystyle\lim_{x \to 1} f(x)$ を求めよ．

8.4　定理 8.3.3 の (1) の (b) を示せ．

8.5　連続でない関数の例を 1 つあげよ．

8.6　連続であるが微分可能でない例を 1 つあげよ．

8.7　定理 8.5.5 を証明せよ．

8.8　次の関数の導関数を求めよ．

(1) $f : \mathbb{R} \to \mathbb{R}$, $f(x) = 3x^2$

(2) $f : \mathbb{R} \to \mathbb{R}$, $f(x) = x^4 + x^3 - 3x^2 + 2x + 2$

(3) $f : \mathbb{R} \to \mathbb{R}$, $f(x) = (x^3 + x^2 - 1)(x^4 + 3x + 2)$

(4) $f : \mathbb{R} \to \mathbb{R}$, $f(x) = \dfrac{x^3 + 3x + 1}{x^2 + 1}$

(5) $f : \mathbb{R} \to \mathbb{R}$, $f(x) = (x^3 + x^2 + x + 1)^{10}$

8.9　次の関数の極値を調べよ．

(1) $f : \mathbb{R} \to \mathbb{R}$, $f(x) = x^2 + x$

(2) $f : \mathbb{R} \to \mathbb{R}$, $f(x) = x^3 - 2x^2 + x + 1$

(3) $f : \mathbb{R} \to \mathbb{R}$, $f(x) = \dfrac{x - 1}{x^2 + 1}$

8.10　関数 $f : \mathbb{R} \to \mathbb{R}$, $f(x) = 3x^2 + x$ に対し，2 における f の変化量を最もよく近似する 1 次関数と，それらの誤差を求めよ．

9

多変数関数の微分

この章では，1 変数関数を一般化した関数，多変数関数とその微分を考える．多変数関数は，自然現象，社会現象等の数学的記述に欠かせないものである．

9.1 n 変数関数

n 変数関数とはその定義域が $\mathbb{R}^n$ (または，$\mathbb{R}^n$ の部分集合) で，値域が $\mathbb{R}$ である写像 $f:\mathbb{R}^n \to \mathbb{R}$ のことである．$\mathbb{R}^n$ のベクトル $\boldsymbol{x}$ は n 個の実数の組

$$\boldsymbol{x} = \begin{pmatrix} x_1 \\ x_2 \\ \vdots \\ x_n \end{pmatrix}$$

で，このベクトル $\boldsymbol{x}$ に対する f による値は，

$$f(\boldsymbol{x}) \quad \text{または} \quad f(\begin{pmatrix} x_1 \\ x_2 \\ \vdots \\ x_n \end{pmatrix})$$

と表されるが，後者の表現はスペースをとるので，

$$f(x_1, x_2, \cdots, x_n)$$

と表すことにする．

例 9.1.1

$$f : \mathbb{R}^2 \to \mathbb{R},\ f(x_1, x_2) = x_1^2 - x_1x_2 + 3x_2 + 1$$
$$f : \mathbb{R}^3 \to \mathbb{R},\ f(x_1, x_2, x_3) = x_1 + x_1x_2x_3 + 3x_2x_3^2$$

9.2　n 変数関数の微分

さて，n 変数関数についても微分可能性が定義される．8.7 節で述べたように，関数が，ある実数において微分可能であるとき，その実数の付近において関数の値の変化量は，ある 1 次関数で近似された．この考え方を，n 変数関数の場合にも適用する．

以下簡単のために $n = 2$ のとき，つまり 2 変数関数 $f : \mathbb{R}^2 \to \mathbb{R}$ を考える．

定義域 $\mathbb{R}^2$ おける変化が

$$(a_1, a_2) \to (a_1 + h, a_2 + k)$$

であるとき，2 変数関数 $f : \mathbb{R}^2 \to \mathbb{R}$ の値の変化量は，

$$f(a_1 + h, a_2 + k) - f(a_1, a_2)$$

で表される．この変化をある 1 次関数 $L : \mathbb{R}^2 \to \mathbb{R},\ L(h, k) = Ah + Bk$ で近似する．このとき，誤差は

$$|f(a_1 + h, a_2 + k) - f(a_1, a_2) - (Ah + Bk)|$$

となる．近似の良し悪しは，定義域における変化の大きさに対して，誤差がどのくらいの割合で変化するかで評価する．この場合，定義域における変化の大きさを表すものとして，(a_1, a_2) から $(a_1 + h, a_2 + k)$ までの距離

$$\sqrt{h^2 + k^2}$$

を用いるのは自然だろう．したがって，変化の大きさに対する誤差の割合は

$$\frac{|f(a_1+h,a_2+k)-f(a_1,a_2)-(Ah+Bk)|}{\sqrt{h^2+k^2}}$$

で表される．8.7 節と同様に，$h,k\to 0$ としたときのこの値の極限が 0 である 1 次関数を，最もよい近似と考える．

1 変数関数の場合は，微分の定義をし，それが 1 次関数による近似と関連があるということを考えたが，n 変数関数の場合は，最初から 1 次関数による近似という観点から微分を定義する．

定義 9.2.1 (微分可能性) 関数 $f:\mathbb{R}^2\to\mathbb{R}$ が (a_1,a_2) において**微分可能であるとは**，次の式を満たす 1 次関数 $L:\mathbb{R}^2\to\mathbb{R}$ が存在することである．

$$\lim_{h,k\to 0}\frac{|f(a_1+h,a_2+k)-f(a_1,a_2)-L(h,k)|}{\sqrt{h^2+k^2}}=0$$

このとき，1 次関数 L を f の (a_1,a_2) における**微分**といい，$Df(a_1,a_2)$ と書く．また，$f:\mathbb{R}^2\to\mathbb{R}$ が $\mathbb{R}^2$ のすべての点において微分可能であるとき，$f:\mathbb{R}^2\to\mathbb{R}$ は**微分可能**であるという．

例 9.2.2 2 変数関数を $f:\mathbb{R}^2\to\mathbb{R}$, $f(x_1,x_2)=x_1^2+x_2^2$ とする．f の $(1,2)$ における微分は，$Df(1,2)(h,k)=2h+4k$ であることを示す．

$$\begin{aligned}&\lim_{h,k\to 0}\frac{|f(1+h,2+k)-f(1,2)-(2h+4k)|}{\sqrt{h^2+k^2}}\\&=\lim_{h,k\to 0}\frac{|(1+h)^2+(2+k)^2-1^2+2^2)-(2h+4k)|}{\sqrt{h^2+k^2}}\\&=\lim_{h,k\to 0}\frac{h^2+k^2}{\sqrt{h^2+k^2}}=\lim_{h,k\to 0}\sqrt{h^2+k^2}=0\end{aligned}$$

9.3 偏 微 分

関数が微分可能であるとき，関数の微分である 1 次関数の係数 A,B は，どのように決定すればよいのだろうか？ この係数を決定する便利な方法がある．

$f:\mathbb{R}^2\to\mathbb{R}$ を (a_1,a_2) において微分可能とし，$Df(a_1,a_2)(h,k)=Ah+Bk$

とする．微分の定義式において，$k=0$ として h を 0 に近づけると，

$$\begin{aligned}&\lim_{h\to 0}\frac{|f(a_1+h,a_2)-f(a_1,a_2)-Ah|}{\sqrt{h^2}}\\&=\lim_{h\to 0}\frac{|f(a_1+h,a_2)-f(a_1,a_2)-Ah|}{|h|}\\&=\lim_{h\to 0}\left|\frac{f(a_1+h,a_2)-f(a_1,a_2)}{h}-A\right|=0\end{aligned}$$

したがって，

$$A=\lim_{h\to 0}\frac{f(a_1+h,a_2)-f(a_1,a_2)}{h}$$

となる．この値を点 (a_1,a_2) における f の**第 1 成分方向の偏微分**といい，記号

$$D_1f(a_1,a_2)$$

で表す．同様にして

$$B=\lim_{k\to 0}\frac{f(a_1,a_2+k)-f(a_1,a_2)}{k}$$

となる．この値を点 (a_1,a_2) における f の**第 2 成分方向の偏微分**といい，記号

$$D_2f(a_1,a_2)$$

で表す．偏微分を用いて f の (a_1,a_2) における微分を表せば

$$Df(a_1,a_2)(h,k)=D_1f(a_1,a_2)h+D_2f(a_1,a_2)k$$

となる．

例 9.3.1　$f:\mathbb{R}^2\to\mathbb{R}$, $f(x_1,x_2)=x_1x_2$ とする．この 2 変数関数の $(1,2)$ における微分を求める．

$$\begin{aligned}D_1f(1,2)&=\lim_{h\to 0}\frac{f(1+h,2)-f(1,2)}{h}\\&=\lim_{h\to 0}\frac{(1+h)2-2}{h}=\lim_{h\to 0}\frac{2h}{h}=2\\D_2f(1,2)&=\lim_{k\to 0}\frac{f(1,2+k)-f(1,2)}{k}\\&=\lim_{k\to 0}\frac{(2+k)-2}{k}=\lim_{h\to 0}\frac{k}{k}=1\end{aligned}$$

となるので，

$$Df(1,2)(h,k) = 2h + k$$

である．

例 9.3.2 (応用) 2 つの財があって，ある人が第 1 財，第 2 財をそれぞれ x_1, x_2 所有しているとき，この人の効用が 2 変数関数 $U(x_1, x_2)$ で表されているとする．いま，この人の所有している財の量が (a_1, a_2) から $(a_1 + h, a_2 + k)$ に変化したとき，効用はどのくらい変化するだろうか．微分の定義より，h, k が小さいときは

$$U(a_1 + h, a_2 + k) - U(a_1, a_2) \approx D_1U(a_1, a_2)h + D_2U(a_1, a_2)k$$

である．ここで，効用の値をある量 ε だけ増加させることを考えよう．この増加分を第 1 財だけの増加量 h^* で得るためには，$k = 0$ を上の式に代入すればよいので，

$$\varepsilon = D_1U(a_1, a_2)h^*$$
$$h^* = \frac{\varepsilon}{D_1U(a_1, a_2)}$$

であり，第 2 財だけなら

$$k^* = \frac{\varepsilon}{D_2U(a_1, a_2)}$$

このとき，第 1 財の増加量 h^* と第 2 財の増加量 k^* は，同じ効用の増加をもたらすので，この人にとって，それら 2 つの量は同等の価値をもつと考えられる．したがって，第 2 財の 1 単位当たりの価値に匹敵する第 1 財の量は

$$\frac{h^*}{k^*} = \frac{D_2U(a_1, a_2)}{D_1U(a_1, a_2)}$$

である．この値を (a_1, a_2) における第 1 財の第 2 財に対する**限界代替率**という．またこの値は，第 2 財を 1 単位減らしたとき，効用が変化しないための第 1 財の増加量と見ることもできる．

練　習　問　題

9.1　多変数関数の例を 2 つあげよ．

9.2　2 変数関数 $f:\mathbb{R}^2\to\mathbb{R},\ f(x_1,x_2)=3x_1+x_1x_2$ とする．f の $(0,1)$ における微分は，$Df(0,1)(h,k)=4h$ であることを示せ．

9.3　次の関数の $(1,2)$ における微分を求めよ．

$$f:\mathbb{R}^2\to\mathbb{R},\ f(x_1,x_2)=x_1x_2+x_1^2$$

10

積　　　分

この章では，微分と並び，関数の性質を考える上で非常に大切な概念である積分を考える．積分は微分の逆の操作であると考えることができる．

10.1　定　積　分

定積分の考え方は，ひとつには平面上の曲線で囲まれた部分の面積を求めたいということから発している．

関数 $f:\mathbb{R}\to\mathbb{R}$ とする．

定義 10.1.1　閉区間 $[a,b]$ に対し，次を満たす $x_0, x_1, \cdots, x_{n-1}, x_n \in \mathbb{R}$ を，$[a,b]$ の**分割**という．

$$a = x_0 < x_1 < \cdots < x_{n-1} < x_n = b$$

また，$x_k - x_{k-1}\ (k=1,2,\cdots,n)$ の中の最大値を**分割の幅**という．

定義 10.1.2　$x_0, x_1, \cdots, x_{n-1}, x_n \in \mathbb{R}$ を閉区間 $[a,b]$ の分割とする．$c_k \in [x_{k-1}, x_k]$ である任意の実数 $c_k\ (k=1,2,\cdots,n)$ に対して，実数

$$\sum_{k=1}^{n}(x_k - x_{k-1})f(c_k)$$

を考える．ここで，分割を分割の幅が 0 に近づいていくようなものに取り替えていくかぎり，どのような分割に対しても上の実数が一定の実数に近づくとき，

f は，$[a,b]$ で**積分可能**という．また，その一定の実数を，f の $[a,b]$ での**定積分**といい，

$$\int_a^b f(x)dx$$

と書く．このとき，$[a,b]$ を**積分区間**という．

積分区間上 f の値が常に正であれば，定積分は，座標平面で，積分区間上，積分区間と f のグラフではさまれた部分の面積を表していると考えることができる．

注意　定積分の記号 $\displaystyle\int_a^b f(x)dx$ で x を他の記号で書いても同じものである．例えば，

$$\int_a^b f(x)dx = \int_a^b f(s)ds = \int_a^b f(t)dt$$

関数や積分区間によって積分可能なときや，積分可能でないときがあるが，次の定理が成り立つ．

定理 10.1.3　関数 $f:\mathbb{R}\to\mathbb{R}$ が閉区間 $[a,b]$ で連続ならば，f は $[a,b]$ で積分可能である．

証明は略す．

例 10.1.4　定理 10.1.3 の逆は成立しない．つまり不連続で積分可能な関数が存在する．

$$\text{関数 } f:\mathbb{R}\to\mathbb{R}, \qquad f(x)=\begin{cases} 1 & (x<1) \\ 2 & (x\geq 1) \end{cases}$$

とする．f は 1 において不連続であるが，例えば，1 を含む閉区間 $[0,2]$ で積分可能である．

$$0 = x_0 < x_1 < x_2 < \cdots < x_n = 2$$

を $[0,2]$ の分割とし，$c_k \in [x_{k-1}, x_k]$ $(k=1,2,\cdots,n)$ とする．また，1 が属する区間を $]\,x_{i-1}, x_i\,]$ とする．すると，

$$\begin{aligned}
&\sum_{k=1}^{n}(x_k - x_{k-1})f(c_k) \\
&\quad = \sum_{k=1}^{i-1}(x_k - x_{k-1})f(c_k) + (x_i - x_{i-1})f(c_i) + \sum_{k=i+1}^{n}(x_k - x_{k-1})f(c_k) \\
&\quad = (x_{i-1} - x_0) + (x_i - x_{i-1})f(c_i) + (x_n - x_i) \times 2 \\
&\quad = (x_{i-1} - 0) + (x_i - x_{i-1})f(c_i) + (2 - x_i) \times 2
\end{aligned}$$

ここで分割の幅を 0 に近づけると，

$$x_{i-1} - 0 \to 1,\ \ (x_i - x_{i-1})f(c_i) \to 0,\ \ (2 - x_i) \times 2 \to 1 \times 2 = 2$$

であるから，$\displaystyle\sum_{k=1}^{n} f(x_k - x_{k-1})f(c_k)$ は 3 に近づく．

よって f は $[0,2]$ で積分可能であり，

$$\int_0^2 f(x)dx = 1 + 2 = 3$$

となる．

例 10.1.5　$f : \mathbb{R} \to \mathbb{R}$, $f(x) = x$ とする．f は閉区間 $[0,1]$ で連続であるから，定理 10.1.3 より f は $[0,1]$ で積分可能である．

f の $[0,1]$ での定積分の値を求めてみよう．$[0,1]$ の分割として

$$0,\ \frac{1}{n},\ \frac{2}{n},\ \cdots,\ \frac{n-1}{n},\ 1$$

をとる．n を大きくしてしていくと，この分割の幅は 0 に近づいていく．

$$\begin{aligned}
\sum_{k=1}^{n}\left(\frac{k}{n} - \frac{k-1}{n}\right) f\left(\frac{k}{n}\right) &= \sum_{k=1}^{n}\frac{1}{n}\frac{k}{n} \\
&= \frac{1}{n^2}\sum_{k=1}^{n} k \\
&= \frac{1}{n^2}\frac{n(n+1)}{2} = \frac{n+1}{2n}
\end{aligned}$$

n を大きくしていくとこの数は $\frac{1}{2}$ に近づいていく．したがって，

$$\int_0^1 f(x)dx = \int_0^1 xdx = \frac{1}{2}$$

である．

$f : \mathbb{R} \to \mathbb{R}$ は積分可能とする．

定義 10.1.6

(1) $\displaystyle\int_a^a f(x)dx = 0$ と定義する．

(2) $\displaystyle\int_b^a f(x)dx = -\int_a^b f(x)dx$ と定義する．

定積分の性質をいくつかあげておく．

定理 10.1.7

(1) $\displaystyle\int_a^b f(x)dx = \int_a^c f(x)dx + \int_c^b f(x)dx$ が成立する．

(2) $\displaystyle\int_a^b (\alpha f(x) + \beta g(x))dx = \alpha\int_a^b f(x)dx + \beta\int_a^b g(x)dx$ が成立する．

(3) 閉区間 $[a, b]$ での f の最大値と最小値をそれぞれ M, m とすると，以下が成立する．

$$(b-a)m \leq \int_a^b f(x)dx \leq (b-a)M$$

10.2 原 始 関 数

定義 10.2.1 (原始関数) 関数 $f : \mathbb{R} \to \mathbb{R}$ とする．微分可能な関数 $F : \mathbb{R} \to \mathbb{R}$ で，その導関数 $F' : \mathbb{R} \to \mathbb{R}$ が f に等しいものを，f の**原始関数**という．

例 10.2.2 $f : \mathbb{R} \to \mathbb{R}, f(x) = x$ とし，$F : \mathbb{R} \to \mathbb{R}, F(x) = \frac{x^2}{2}$ とする．$F'(x) = x$ であるから，$F' = f$ である．したがって，F は f の原始関数である．

また，$G:\mathbb{R}\to\mathbb{R},\ G(x)=\frac{x^2}{2}+1$ としても，$G'(x)=x$ であるから，$G'=f$ である．したがって，G も f の原始関数である．

上の例からもわかるように，1 つの関数に対し，その原始関数はあるとすれば，たくさんある．一般に，関数 F が関数 f の原始関数であれば，任意の定数 c に対し，関数 $F+c$ は f の原始関数であり，逆に任意の f の原始関数は適当な $c\in\mathbb{R}$ で $F+c$ と表される．

例 10.2.3

$$F:\mathbb{R}\to\mathbb{R},\ F(x)=\frac{x^{n+1}}{n+1}+c \qquad (c\ \text{は任意の定数})$$

とすると，$F'(x)=x^n$ であるから，F は $f:\mathbb{R}\to\mathbb{R},\ f(x)=x^n$ の原始関数である．

関数 f の原始関数のことを f の**不定積分**と呼ぶことがあり，

$$\int f(x)dx$$

と表すことがある．

10.3 定積分と原始関数の関係

定積分と原始関数には密接な関係がある．

定理 10.3.1 (微積分学の基本定理) 関数 $F:\mathbb{R}\to\mathbb{R}$ を連続関数 $f:\mathbb{R}\to\mathbb{R}$ の原始関数とする．このとき，

$$\int_a^b f(x)dx = F(b)-F(a)$$

が成立する．

証明 $G:\mathbb{R}\to\mathbb{R},\ G(x)=\displaystyle\int_a^x f(t)dt$ とおく．$h>0$ とする．

$$G(x+h)-G(x)=\int_a^{x+h}f(t)dt-\int_a^x f(t)dt=\int_x^{x+h}f(t)dt$$

であり，$[x,x+h]$ における f の最大値と最小値をそれぞれ M,m とすると，

$$hm\leq\int_x^{x+h}f(t)dt\leq hM$$

したがって，

$$m\leq\frac{G(x+h)-G(x)}{h}\leq M$$

同様に，$h<0$ のときも上の不等式が成り立つ．

ここで，f は連続より $h\to 0$ のとき $m\to f(x), M\to f(x)$ である．よって，

$$G'(x)=f(x)$$

であり，G も f の原始関数である．よって，ある定数 c で

$$G(x)=F(x)+c$$

となる．したがって

$$\int_a^b f(t)dt=G(b)=F(b)+c=F(b)+G(a)-F(a)=F(b)-F(a)\quad\square$$

例 10.3.2　$f:\mathbb{R}\to\mathbb{R},\ f(x)=x$ とし，$F:\mathbb{R}\to\mathbb{R},\ F(x)=\frac{x^2}{2}$ とすれば，F は f の原始関数であるから，

$$\int_0^1 f(x)dx=\int_0^1 xdx=F(1)-F(0)=\frac{1^2}{2}-\frac{0^2}{2}=\frac{1}{2}$$

である．

練 習 問 題

10.1　関数 $f:\mathbb{R}\to\mathbb{R},\ f(x)=x^2$ に対し，

$$\int_0^1 f(x)dx$$

を求めよ．

10.2　次の関数の原始関数を求めよ．

(1) $f:\mathbb{R}\to\mathbb{R},\ f(x)=2$

(2) $f:\mathbb{R}\to\mathbb{R},\ f(x)=x^3+2x^2-x+1$

10.3　次の定積分の値を求めよ．

(1) $\displaystyle\int_1^2 x^2dx$

(2) $\displaystyle\int_0^1 (x^3+2x-1)dx$

付　　　録

A.1　連立1次方程式の基本変形

連立1次方程式に3つの式の基本変形を行ってできる新しい連立1次方程式において，解が変わらないことを示す．まず3つの基本変形とは

式の基本変形

(I)　1つの式を何倍かする (ただし0倍はしない)

(II)　2つの式を入れ替える

(III) 1つの式に，他の式を何倍かしたものを加える

であった．この中で変形 (I)，(II) により解が変わらないことはすぐわかるので，変形 (III) のみについて説明しよう．

簡単のために2つの式からなる連立1次方程式

$$\begin{cases} a_{11}x_1 + a_{12}x_2 + \cdots + a_{1n}x_n = b_1 \\ a_{21}x_1 + a_{22}x_2 + \cdots + a_{2n}x_n = b_2 \end{cases} \tag{1}$$

について説明する．この連立1次方程式に基本変形 (III)，例えば1行を c 倍して2行に加えるという操作を行うと，連立1次方程式

$$\begin{cases} a_{11}x_1 + a_{12}x_2 + \cdots + a_{1n}x_n = b_1 \\ (a_{21} + ca_{11})x_1 + (a_{22} + ca_{12})x_2 + \cdots + (a_{2n} + ca_{1n})x_n = b_2 + cb_1 \end{cases} \tag{2}$$

を得る．このとき，逆に (2) の連立1次方程式に，基本変形：1行を $-c$ 倍したものを2行に加えると連立1次方程式 (1) となる．

さて連立1次方程式 (1) の解を

$$\begin{pmatrix} x_1 \\ x_2 \\ \vdots \\ x_n \end{pmatrix} = \begin{pmatrix} \alpha_1 \\ \alpha_2 \\ \vdots \\ \alpha_n \end{pmatrix}$$

とすると，

$$\begin{cases} a_{11}\alpha_1 + a_{12}\alpha_2 + \cdots + a_{1n}\alpha_n = b_1 \\ a_{21}\alpha_1 + a_{22}\alpha_2 + \cdots + a_{2n}\alpha_n = b_2 \end{cases} \tag{3}$$

が成立している．この解が連立 1 次方程式 (2) の解であることを示すために，この解を (2) の未知数に代入して各式が成立することを調べればよい．第 1 式は成立することは明らかで，第 2 式は

$$\begin{aligned} &(a_{21} + ca_{11})\alpha_1 + (a_{22} + ca_{12})\alpha_2 + \cdots + (a_{2n} + ca_{1n})\alpha_n \\ &= (a_{21}\alpha_1 + a_{22}\alpha_2 + \cdots + a_{2n}\alpha_n) + c(a_{11}\alpha_1 + a_{12}\alpha_2 + \cdots + a_{1n}\alpha_n) \\ &= b_2 + cb_1 \end{aligned}$$

となり，成立する．したがって

$$\begin{pmatrix} x_1 \\ x_2 \\ \vdots \\ x_n \end{pmatrix} = \begin{pmatrix} \alpha_1 \\ \alpha_2 \\ \vdots \\ \alpha_n \end{pmatrix}$$

は連立 1 次方程式 (2) の解でもある．同様の方法で連立 1 次方程式 (2) の解は連立 1 次方程式 (1) の解であることがわかるので，2 つの連立 1 次方程式の解は同じである．

基本変形と行列

行列 A の (行に関する) 各基本変形は，次の形の行列を左から行列 A に掛けることで得られる．

(1) 基本変形 (I) i 行を c 倍する $S(i:c)$ は

$$
S(i:c)=\begin{pmatrix}
1 & 0 & \cdots & \cdots & \cdots & \cdots & \cdots & 0 \\
0 & \ddots & & & \vdots & & & \vdots \\
\vdots & & \ddots & & \vdots & & & \vdots \\
\vdots & & & 1 & \vdots & & & \vdots \\
0 & \cdots & \cdots & \cdots & c & \cdots & \cdots & 0 \\
\vdots & & & & \vdots & 1 & & \vdots \\
\vdots & & & & \vdots & & \ddots & 0 \\
0 & \cdots & \cdots & \cdots & \cdots & \cdots & 0 & 1
\end{pmatrix}
\begin{matrix} \\ \\ \\ \\ \leftarrow i\text{ 行} \\ \\ \\ \\ \end{matrix}
$$

$\uparrow$
i 列

(2) 基本変形 (II) 2 つの行，i 行と j 行を入れ替える行列 $R(i,j)$ は

$$
R(i,j)=\begin{pmatrix}
1 & 0 & \cdots & \cdots & \cdots & \cdots & \cdots & \cdots & \cdots & \cdots & 0 \\
0 & \ddots & & \vdots & & & & \vdots & & & \vdots \\
\vdots & & 1 & \vdots & & & & \vdots & & & \vdots \\
\vdots & \cdots & \cdots & 0 & \cdots & \cdots & \cdots & 1 & \cdots & \cdots & \vdots \\
\vdots & & & \vdots & 1 & & & \vdots & & & \vdots \\
\vdots & & & \vdots & & \ddots & & \vdots & & & \vdots \\
\vdots & & & \vdots & & & 1 & \vdots & & & \vdots \\
\vdots & \cdots & \cdots & 1 & \cdots & \cdots & \cdots & 0 & \cdots & \cdots & \vdots \\
\vdots & & & \vdots & & & & \vdots & 1 & & \vdots \\
\vdots & & & \vdots & & & & \vdots & & \ddots & 0 \\
0 & \cdots & \cdots & \cdots & \cdots & \cdots & \cdots & \cdots & \cdots & 0 & 1
\end{pmatrix}
\begin{matrix} \\ \\ \\ \leftarrow i\text{ 行} \\ \\ \\ \\ \leftarrow j\text{ 行} \\ \\ \\ \\ \end{matrix}
$$

$\uparrow$ i 列　　　　$\uparrow$ j 列

(3) 基本変形 (III)　i 行に $c \times (j$ 行) を加える行列 $Q(i,j:c)$ は

$$Q(i,j:c) = \begin{pmatrix} 1 & 0 & \cdots & \cdots & \cdots & \cdots & \cdots & 0 \\ 0 & 1 & & & & \vdots & & \vdots \\ \vdots & \vdots & \ddots & & & \vdots & & \vdots \\ 0 & 0 & \cdots & 1 & \cdots & c & \cdots & \vdots \\ \vdots & \vdots & & & \ddots & \vdots & & \vdots \\ \vdots & \vdots & & & & 1 & & \vdots \\ \vdots & \vdots & & & & \vdots & \ddots & 0 \\ 0 & 0 & \cdots & \cdots & \cdots & \cdots & 0 & 1 \end{pmatrix} \begin{matrix} \\ \\ \\ \leftarrow i\text{ 行} \\ \\ \\ \\ \\ \end{matrix}$$

$\uparrow$ j 列

である．

問題　上記の行列と基本変形との関連を確かめよ．

A.2　正　則　行　列

3.5 節で正則行列の話をしたが，ここでは残された証明を与える．n 次正方行列 A が正則行列であるとは，

$$AB = BA = E$$

となる n 次正方行列 B が存在することであった．まず正則行列の例を与えておこう．

例　前の節で定義した行列 $S(i:c), R(i,j), Q(i,j:c)$ は正則行列である．なぜなら，

(1) $S(i:c)S(i:{}^1\!/_c) = S(i:{}^1\!/_c)S(i:c) = E \Rightarrow (S(i:c))^{-1} = S(i:{}^1\!/_c)$

(2) $R(i,j)R(i,j) = E \Rightarrow R^{-1}(i,j) = R(i,j)$

(3) $Q(i,j:c)Q(i,j:-c) = Q(i,j:-c)Q(i,j:c) = E \Rightarrow Q(i,j:c)^{-1} = Q(i,j:-c)$

となるからである．また第3章の練習問題3.5にあるように次の定理が成立する．

定理　行列 A, B が正則行列のとき，その積 AB も正則行列である．

行列の簡約化は，何回かの基本変形を繰り返し行うこと (これは左から3種類の正則行列を掛けること) により得られるので，上記の定理を用いると

定理　任意の行列 A は，ある正則行列 P を左からその行列に掛けることにより簡約化される．行列 A の簡約行列は PA である．

定理 3.5.2　n 次正方行列 A に対して次の3つの条件は同値である．

(1) $AB = E$ となる n 次正方行列 B が存在する．

(2) A は正則行列

(3) $\mathrm{rank}(A) = n$

証明　(2) $\Rightarrow$ (1) は明らか．まず (1) $\Rightarrow$ (3) を示す．

$\mathrm{rank}(A) < n$ とする．このとき A の簡約行列 A' の少なくとも1つの行は零ベクトル，つまり

$$A' = \begin{pmatrix} * & * & \cdots & * \\ \vdots & \vdots & & \vdots \\ 0 & 0 & \cdots & 0 \end{pmatrix}$$

となっている．また前の定理により，ある正則行列 P があり

$$PA = A'$$

となる．ところで仮定より $AB = E$ となる行列 B が存在する．このとき

$$E = PP^{-1} = PABP^{-1} = A'(BP^{-1})$$

となるが，第 n 行が零ベクトルである行列に右からどんな行列を掛けても，その積の第 n 行は依然として零ベクトルとなっている．よって矛盾．

次に (3) $\Rightarrow$ (2) を示す．$\mathrm{rank}(A) = n$ なので A の簡約行列は E である．よって，ある正則行列 P が存在して

$$PA = E$$

である．この P に対して

$$AP = (P^{-1}P)AP = P^{-1}(PA)P = P^{-1}EP = P^{-1}P = E$$

となるので，A は正則行列である． □

参 考 文 献

本書を書くにあたって参考にした本，および本書で省いた内容について参照できる本を以下に挙げておく．

[1]　三宅敏恒：入門線形代数，培風館，1991

[2]　H. アントンほか (山下純一訳)：やさしい線型代数，現代数学社，1979

[3]　飯高　茂：線形代数—基礎と応用，朝倉書店，2001

[4]　志賀浩二：微分・積分 30 講，朝倉書店，1988

[5]　入江昭二ほか：微分積分 (上,下)，内田老鶴圃，1985

索　　引

著者略歴

沢田　賢（さわだ・けん）

1953 年　東京都に生まれる
1981 年　早稲田大学大学院理工学研究科博士課程修了
現　在　早稲田大学商学部助教授
　　　　理学博士

渡邊展也（わたなべ・のぶや）

1959 年　岩手県に生まれる
1984 年　早稲田大学大学院理工学研究科修士課程修了
現　在　早稲田大学商学部助教授
　　　　理学博士

安原　晃（やすはら・あきら）

1966 年　徳島県に生まれる
1991 年　早稲田大学大学院理工学研究科修士課程修了
現　在　東京学芸大学教育学部助教授
　　　　理学博士

シリーズ［数学の世界］3
社会科学の数学―線形代数と微積分―　　定価はカバーに表示

2002 年 4 月 1 日　初版第 1 刷
2003 年 4 月 1 日　　　第 3 刷

著　者　沢田　賢
　　　　渡邊展也
　　　　安原　晃
発行者　朝倉邦造
発行所　株式会社 朝倉書店
東京都新宿区新小川町 6-29
郵便番号　162-8707
電　話　03 (3260) 0141
FAX　03 (3260) 0180
http://www.asakura.co.jp

〈検印省略〉

三美印刷・渡辺製本

ISBN 4-254-11563-6　C 3341　　Printed in Japan